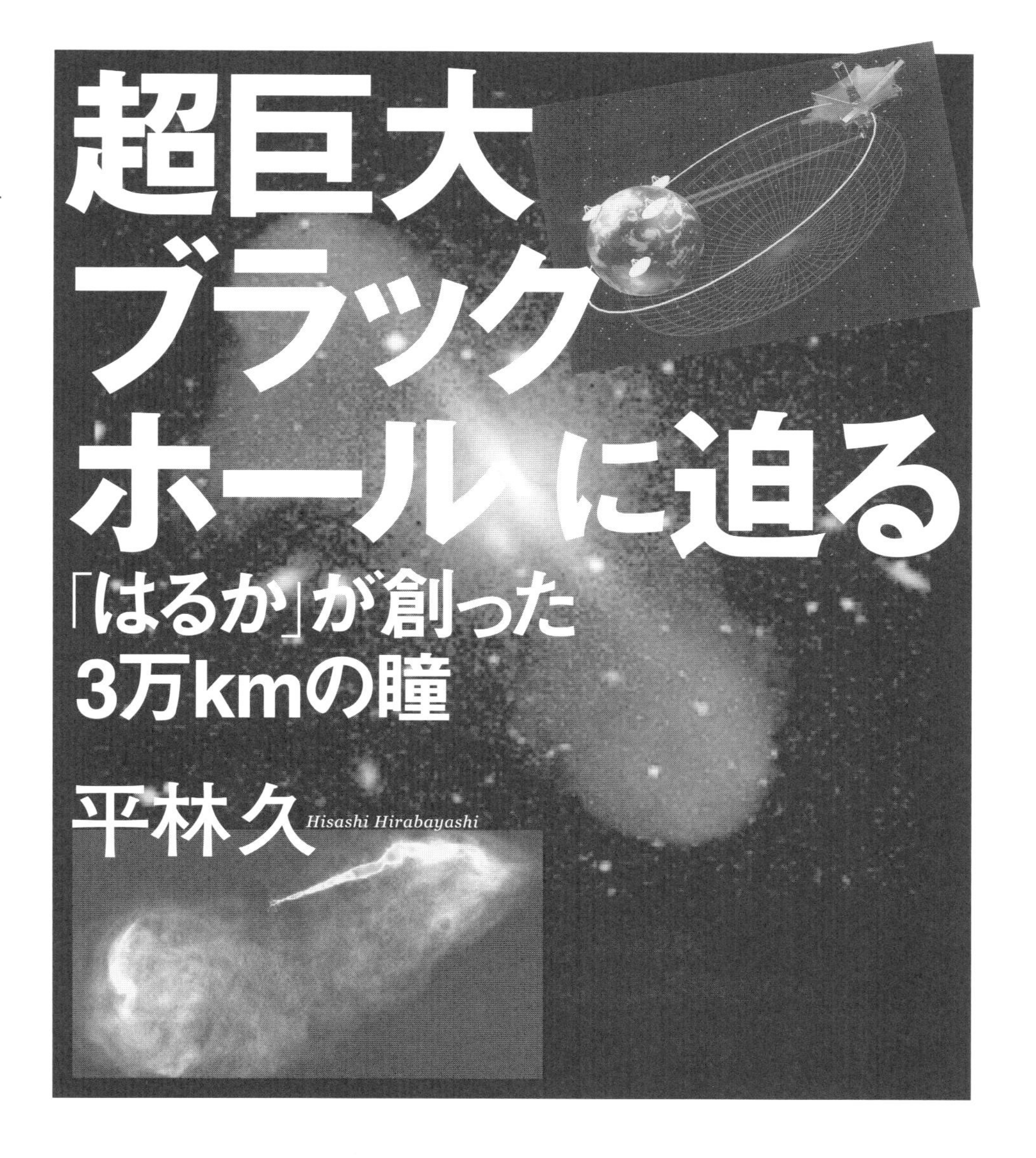
超巨大
ブラック
ホールに迫る
「はるか」が創った
3万kmの瞳
平林久
Hisashi Hirabayashi

JN155795

新日本出版社

口絵１：VSOP（ブイソップ）物語はじまり（平林画・黒谷コラージュ）

口絵２：二つ目玉電波源の例（3C296）光（青色）と電波（赤色）の映像を重ねてある。中央上の大きな銀河の中心から左上と右下にのびるのが電波ジェット（本文44ページ）

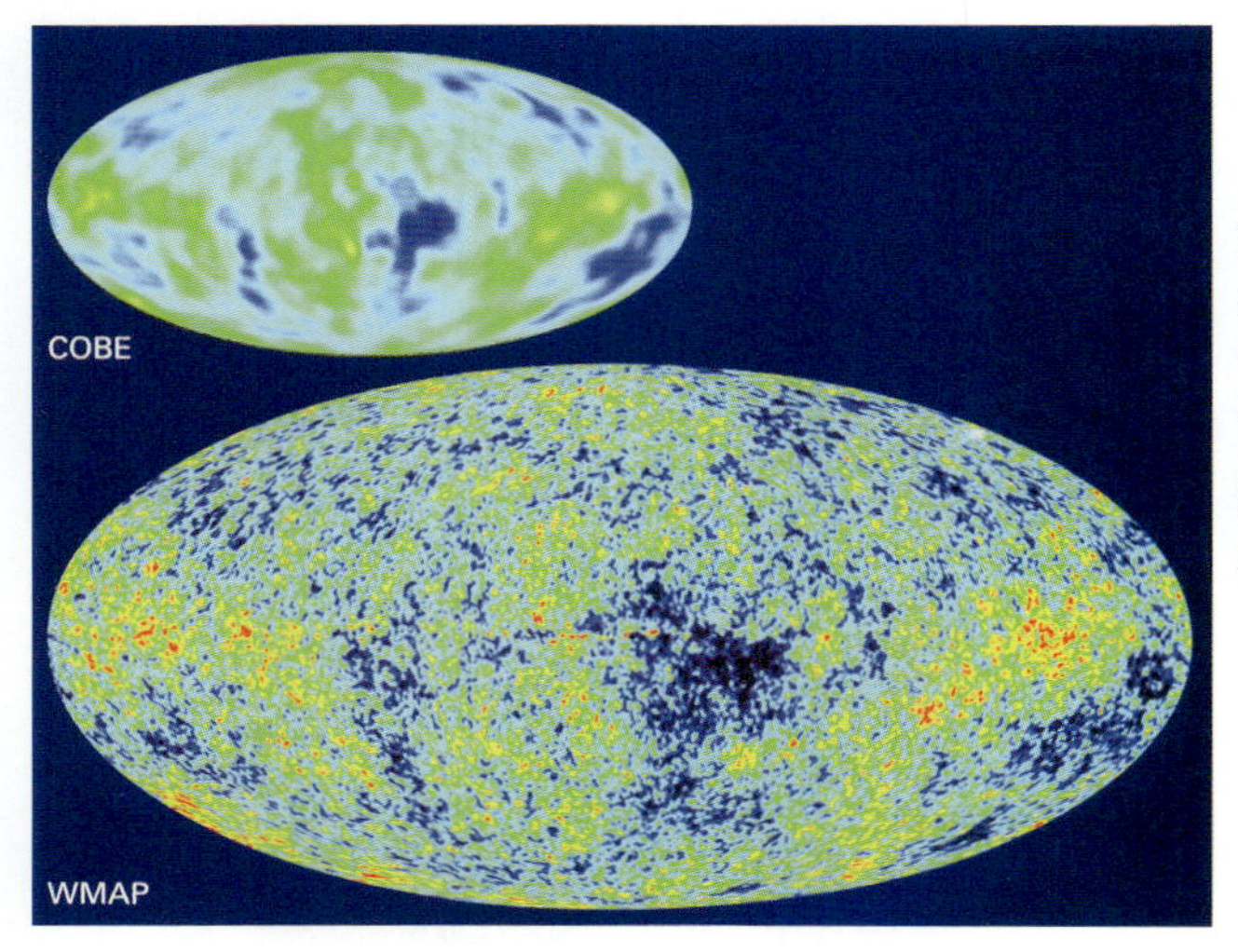

口絵３：宇宙背景放射のゆらぎ電波画像（上1992年COBE衛星、下2003年WMAP衛星による画像、NASA、本文13ページ）

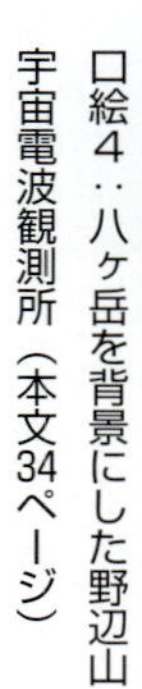

口絵４：八ヶ岳を背景にした野辺山宇宙電波観測所（本文34ページ）

口絵５：NGC4258の中心核の水メーザーを出す円盤の運動（本文86ページ）

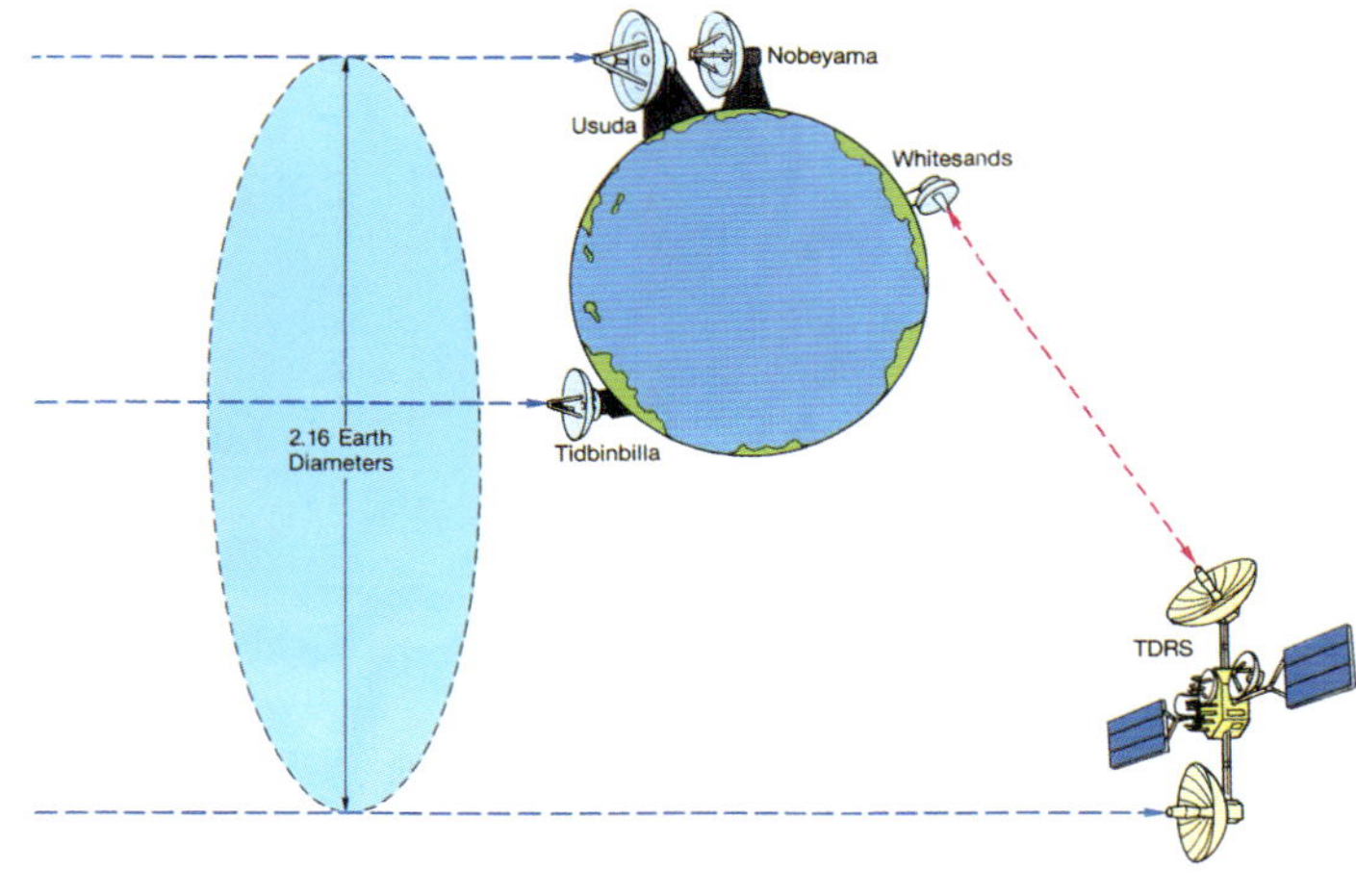

口絵6：TDRS衛星を使ったスペースVLBI実験（本文61ページ）

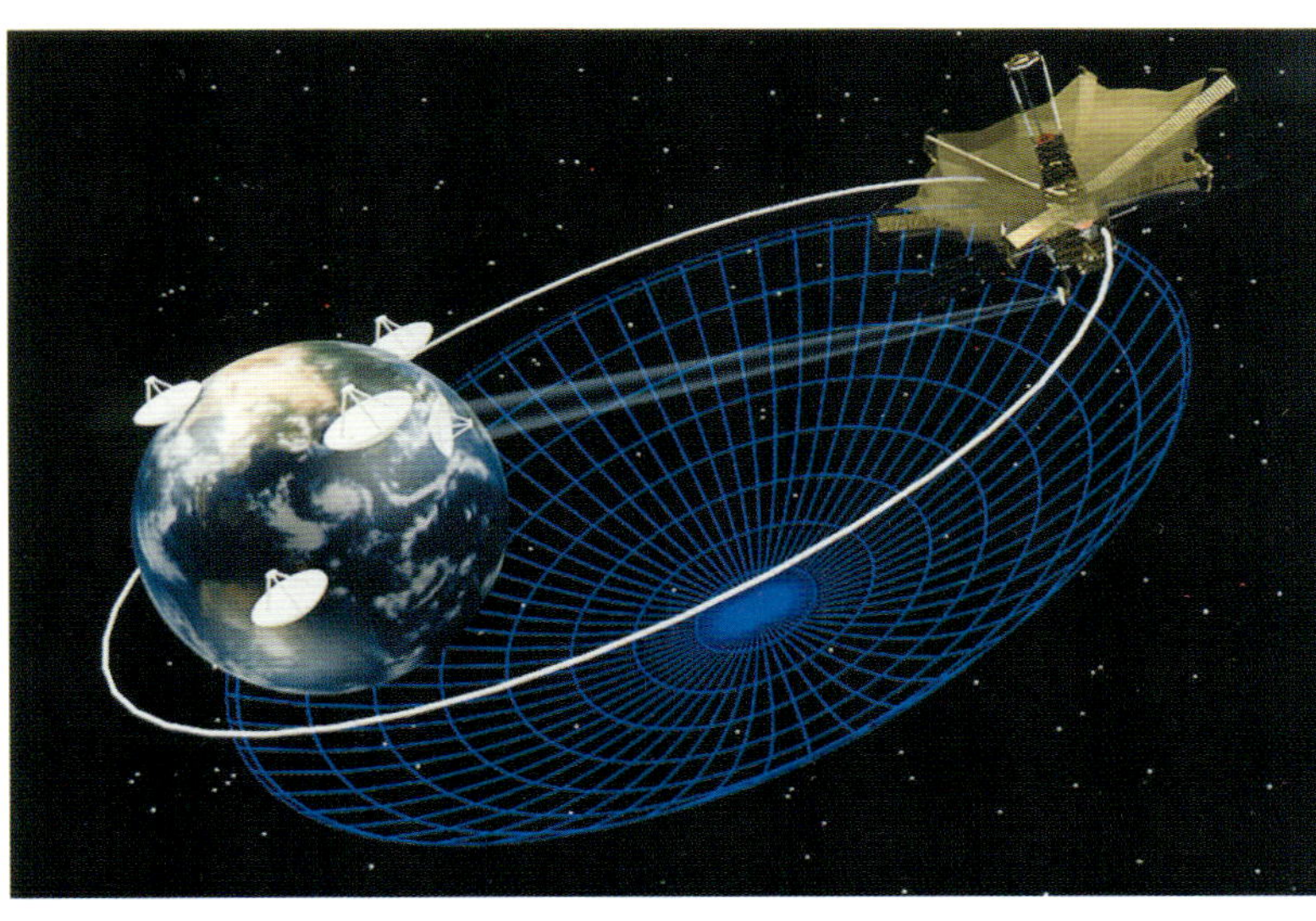

口絵7：電波天文衛星「Muses-B」を使ったスペースVLBI（VSOP）の3万㎞の瞳（本文66ページ）

口絵8：宇宙にでて「開花」する電波天文衛星「はるか」のイメージ（本文120ページ）

口絵 12：地上でテストされる電波天文アンテナ。副鏡伸展テスト（本文 78 ページ）

口絵 14：打ち上げのためにたたまれた「muses-B」（本文 81 ページ）

口絵９：展開する電波天文アンテナ（本文 99 ページ）。とじた状態

口絵 10：展開中

口絵 11：開いた電波天文アンテナ

口絵 13：地上で調整される電波天文アンテナ。風船でつるして無重力と同じ状態にした（本文 80 ページ）

口絵 15：M-V ロケット１号機の電波天文衛星「muses-B」の打ち上げ。成功して「はるか」になった（1997 年２月 12 日、本文 114 ページ）

口絵16：電波天文衛星「はるか」のアンテナを開く。「はるか」には、ビデオカメラを積む余裕もなかった。もしカメラで展開の様子が見られたら、まさに6弁の花が宇宙に咲き、金色に光るシーンだったはずだ（本文120ページ）

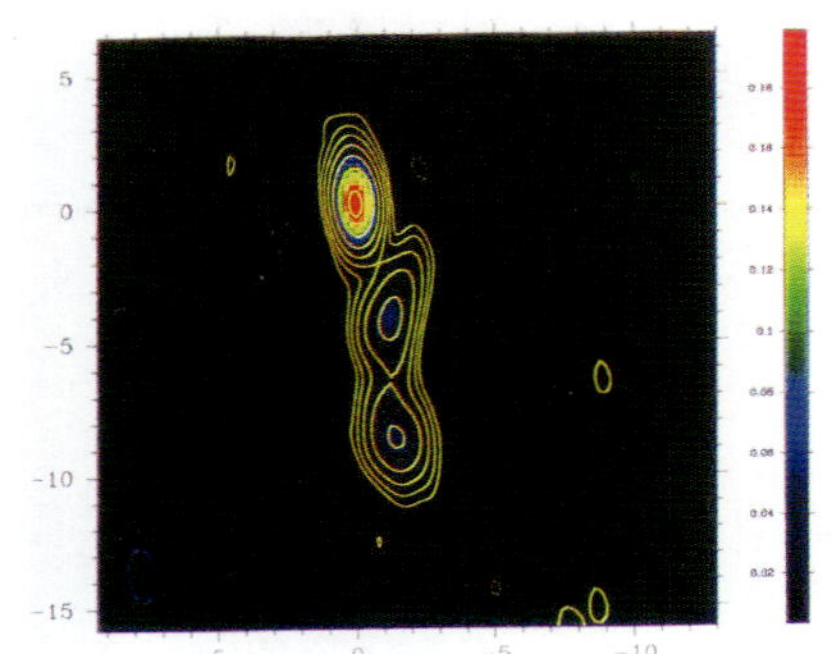

口絵 18：VSOP がとらえた最も遠い天体、125 億光年遠方のクェーサー 0014+813 の映像（本文 132 ページ）

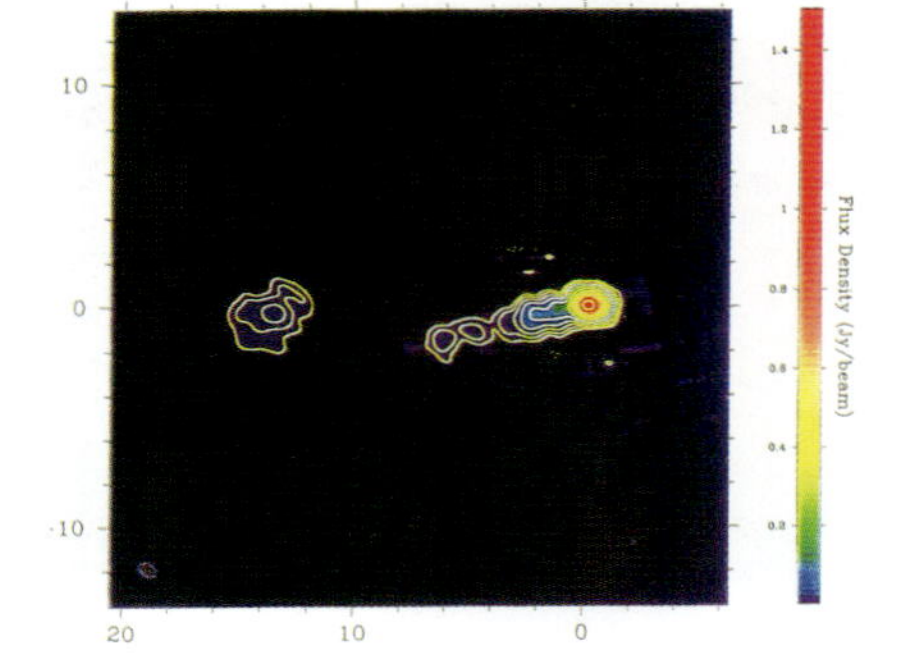

口絵 17：VSOP がとらえた 110 億光年の遠方のクェーサー 0212+735 の映像（本文 131 ページ）

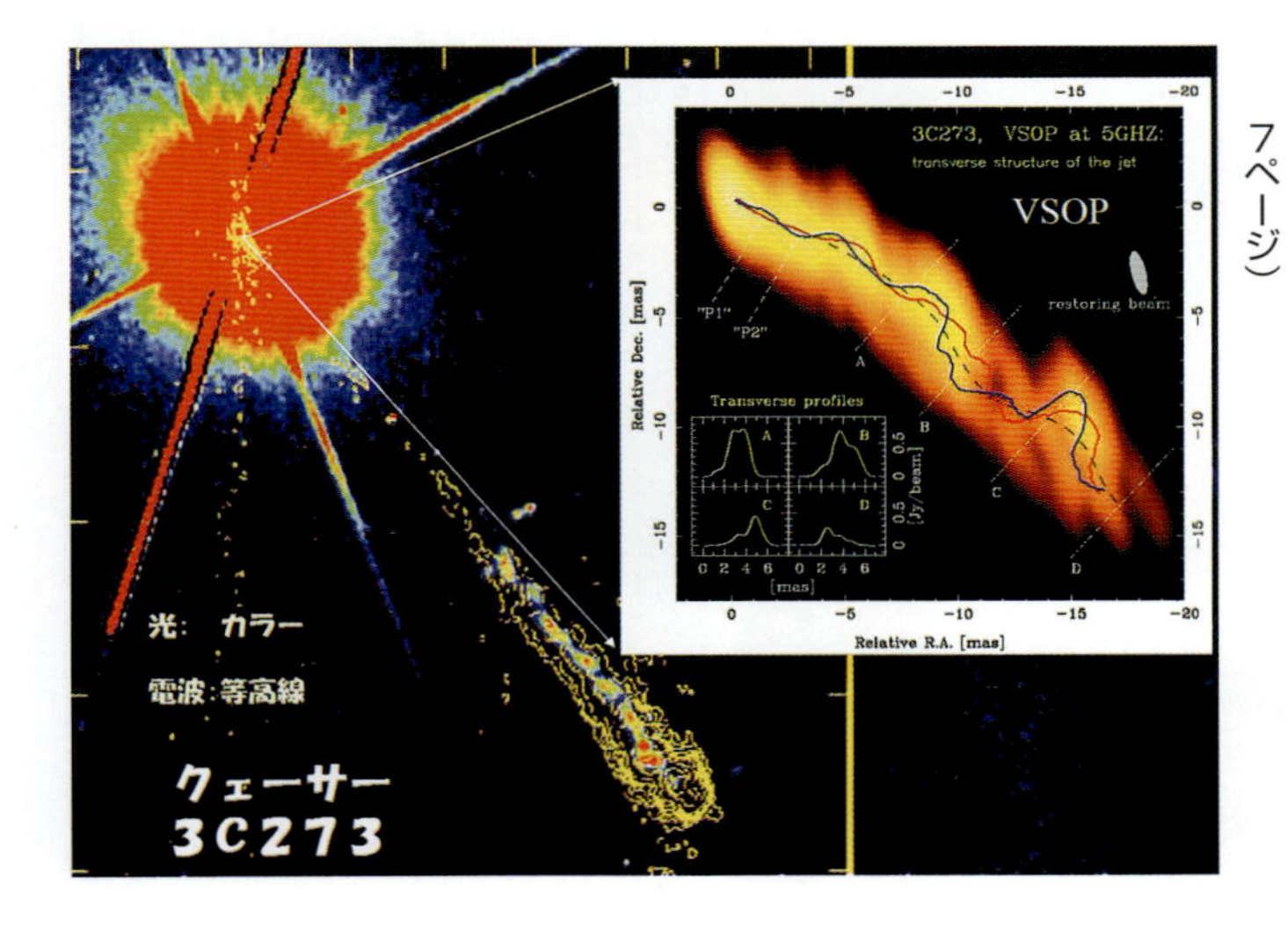

口絵19：クェーサー3C273。VSOPで観る（右）とクェーサーの光の芯（しん）は激しくうねるジェットで始まっている（組み合わせ、本文137ページ）

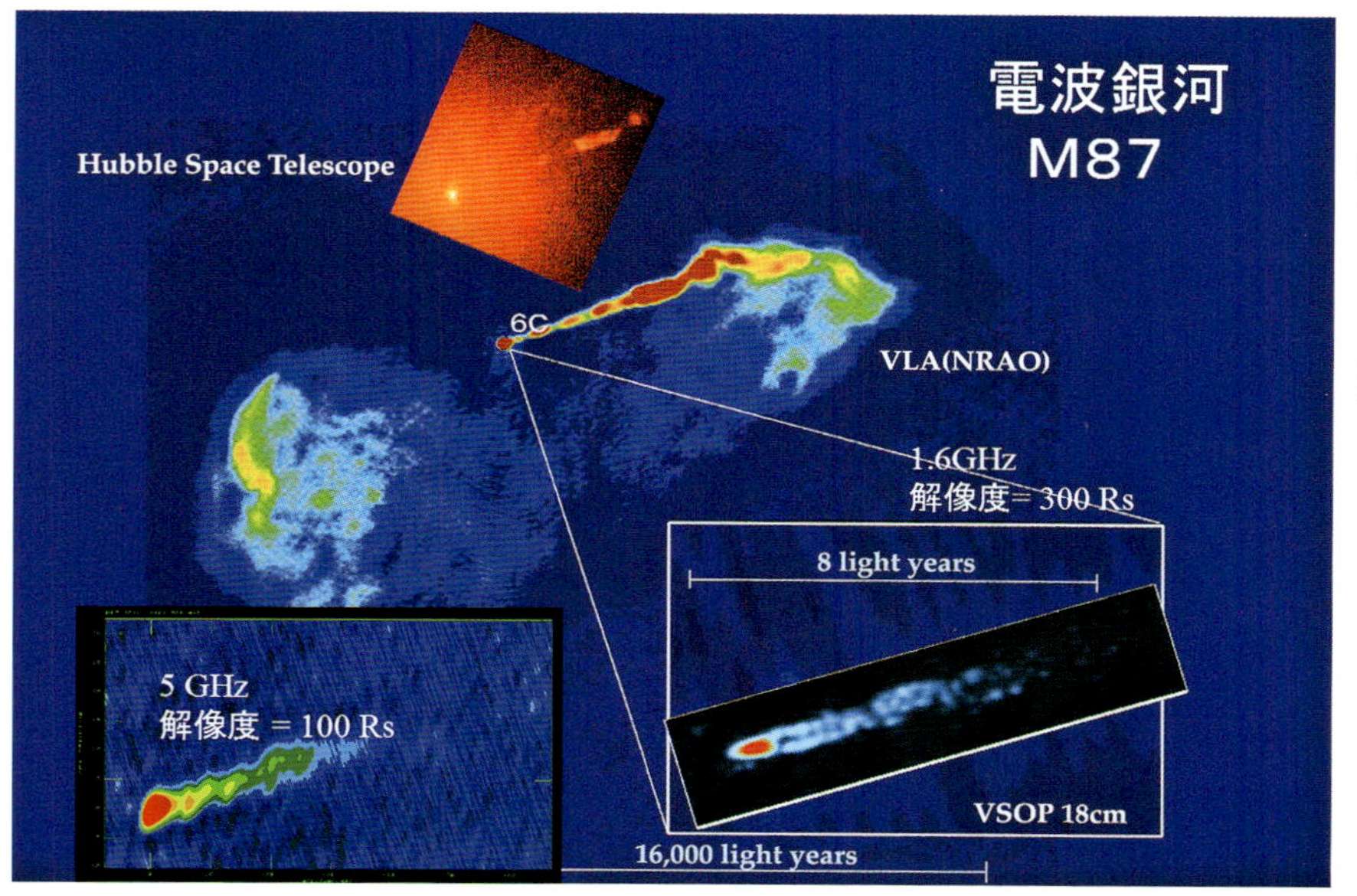

口絵20：M87の電波写真（組み合わせ、本文136ページ）

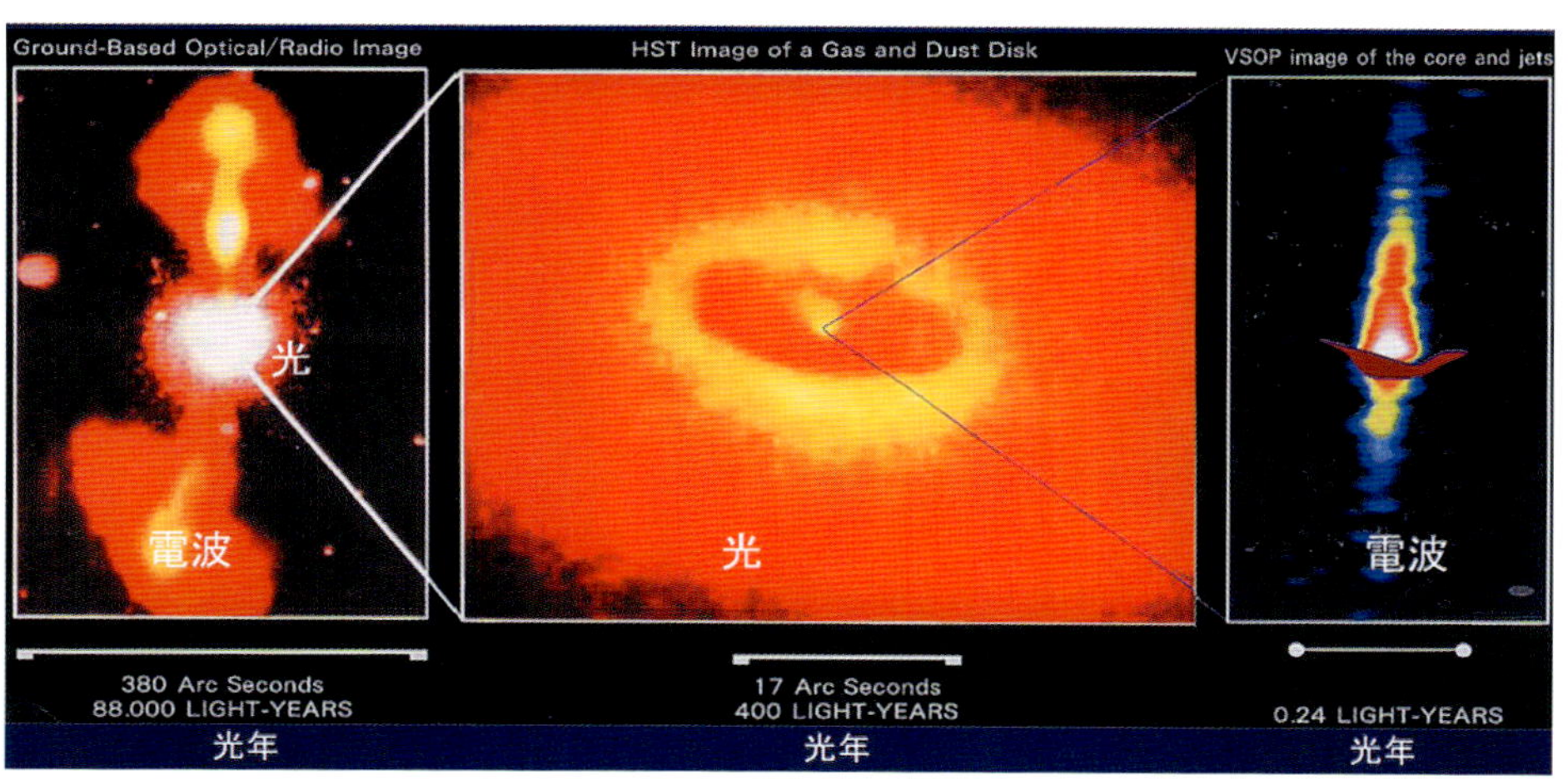

口絵 22：NGC4261 電波写真（組み合わせ、本文 140 ページ）

口絵 23：左から右へクェーサー 1928+738 の５年間にわたるジェットの変化（本文 140 ページ）

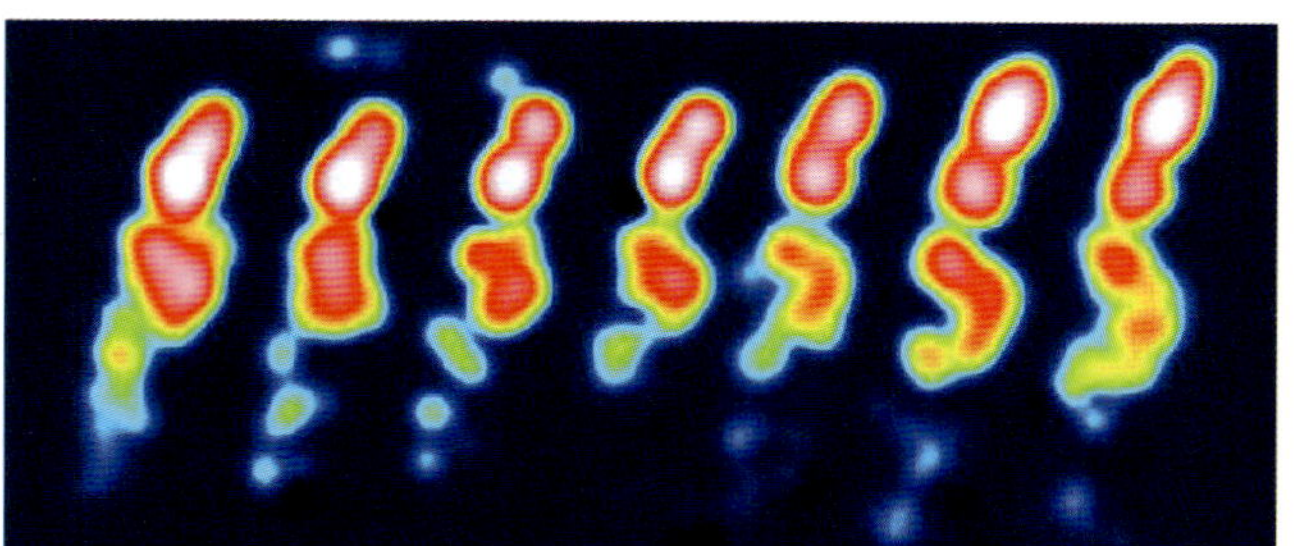

口絵 21：クェーサー 1921-293（本文 139 ページ）

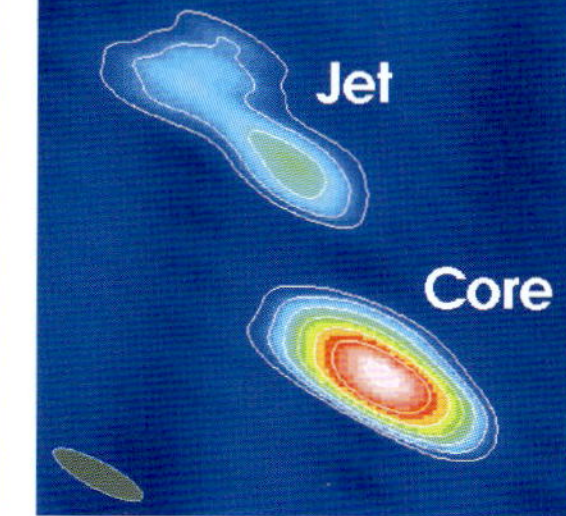

口絵 24：逆けさ切りで宇宙を切ってなぞを開く（筆者画・黒谷コラージュ）

プロローグ

電波天文衛星「はるか」は１９９７年に打ち上げられた、史上初のスペースＶＬＢＩ天文衛星です。「はるか」は、世界で初めての、超巨大な電波望遠鏡による観測計画の中心となった衛星です。衛星は直径８ｍ（支柱のさしわたし10ｍ）のアンテナをもつ電波天文衛星で、地球上の電波望遠鏡と結んで、世界初のスペースＶＬＢＩ観測を行いました。これはＶＳＯＰ(ヴィソップ)計画（VLBI Space Observatory Programme）と呼(よ)ばれました。

「はるか」は、軌道(きどう)上でさしわたし10ｍの展開(てんかい)アンテナを作ることを始めとしたいくつもの世界初の工学実験を成功させ、スペースＶＬＢＩという新しい観測法を実現し、０・４ミリ秒角（１ミリ秒角とは、月の上にいる飛行士を見こむ角度です）という高解像度観測を達成しました。そして世界中の研究機関との密接(みっせつ)な国際協力のもとに、ＶＳＯＰ観測計画を実現しました。ＶＳＯＰ計画によって、銀河の中心からふきだすジェットのかたちや運動、銀河中心にあるブラックホールを取(と)り巻(ま)くプラズマ円(えん)盤(ばん)構造を高い解像度で明らかにし、さらには、これまで知られなかった強く輝(かがや)く天体があることを示すなどの科学的成果をあげることができました。聞きなれない言葉が出てきたでしょうが、くわしくはこのあと本文で説明します。

「はるか」プロジェクトがスタートしたのは１９８９年です。工学実験衛星として、スペースＶＬＢＩに必要な工学技術を実現し、国際スペースＶＬＢＩ観測を実際に行うことを目指して、衛星名ははじめ「Ｍｕｓｅｓ－Ｂ」と名づけられました。Ｍｕｓｅｓ－Ｂは宇宙で羽をひろげて「はるか」となって、工学実験衛星の枠組みをはるかに超えて、多くの天文学的な成果をあげることに成功したのです。そして「はるか」は２００６年に亡くなりました。

これは「はるか」の16年間にわたる物語です。生まれる前の話も入れると20年におよぶ、ほんとうにあった物語です。この本ではこれらのことを詳しく語っていこうと思います。

もくじ

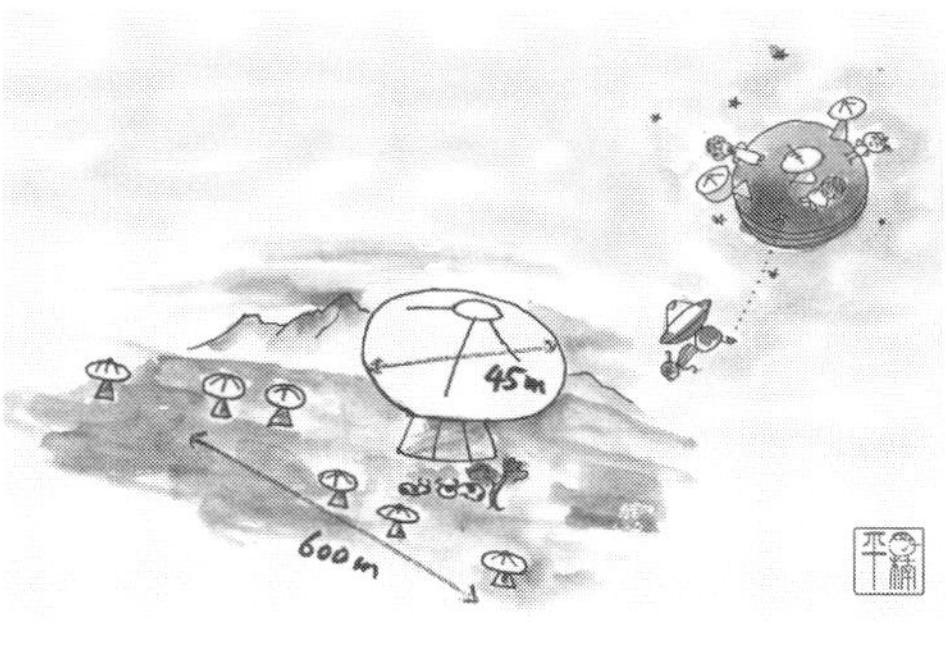
45m
600m

電波天文学を知っていますか

「はるか」の物語を語る前に、電波と電波天文学についてお話ししましょう。

１９３３年、アメリカのベル電信電話研究所の技術者のカール・ジャンスキーは、雷に関係した電波を観測しているうちに、宇宙から電波がやってくるのを見つけました。アンテナが天の川の中心の方向（射手座の方向です）を向くと電波が強くなることを確かめ、天の川が電波を出していることを見つけたのです。これが電波天文学の始まりです。ジャンスキーの受けた電波は、星からではなく星と星のあいだの「星間空間」から出ていたものです。この後、宇宙からくる電波を観測する電波天文学は、予期しない発見を次々ともたらして、私たちの宇宙にたいする見方を大きくかえてきました。

ジャンスキーは44歳で亡くなってしまいました。あとに続く観測を行った人は、アメリカのアマチュア研究家のリーバーでした。観測波長（図1、８ページ）は9、33、62、１８７㎝と、４波長に及びました。お母さんの家の裏庭におわん型のパラボラアンテナを作って、一人で観測を続けたのです。リーバーのパイオニア精神はおどろくべきものでした。電波天文学の最初の第一歩はジャンスキーによって踏み出されたのですが、次の何ステップにもわたって、たった一人のアマチュア、リーバーに

写真１：カール・ジャンスキーと宇宙電波を発見したアンテナ

よって進められたのです。リーバーはその後オーストラリアのタスマニア島に渡り、さらに波長の長い電波を受けようと、とても大きな電線のアンテナを張って観測を続けました。タスマニアの辺りは、宇宙からの波長の長い電波が突き抜けてこられるからです。

第二次世界大戦中に各国でレーダーの開発競争が行われました。レーダーは電波を発射して敵の艦船や飛行機から反射する電波をキャッチするものなので、相手の方向がよくわかるように波長の短いマイクロ波（図1参照）を使いました。当時はマイクロ波は新技術で、マイクロ波のアンテナ、受信技術は、電波天文学の開発のフロンティア（最前線）ともなったのです。日本でも多くの研究者や技術者が研究に取り組みました。また、太陽表面の爆発現象による電波が見つかったのも、大戦中のことです。イギリスでも日本でもこれが確認されています。

第二次世界大戦が終わると、電波天文学が、イギリス、オランダ、オーストラリア、アメリカ等で芽をだしました。ヨーロッパ各国では、ドイツが開発したヴィルツブルグ・レーダーというレーダーのアンテナが電波天文用に使われたりもしました。それが今でもヨー

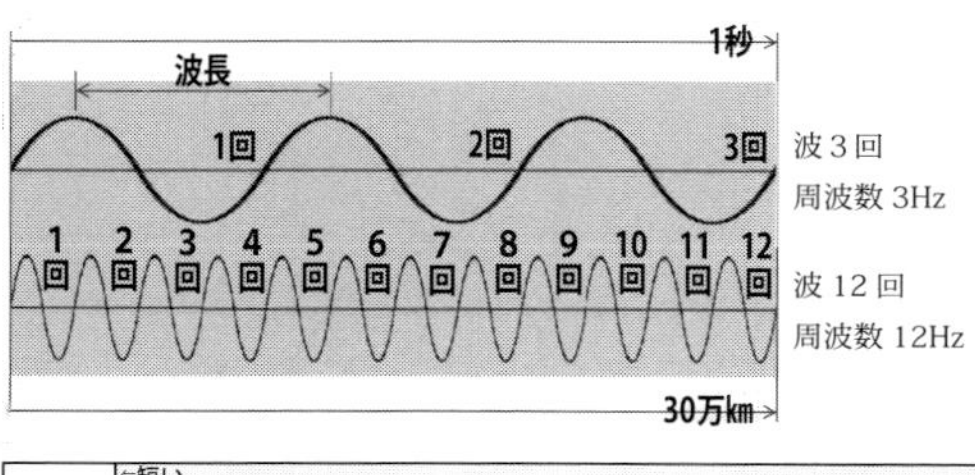

光も電波も放射線も電磁波。電磁波は、くりかえす波として伝わる
▼波の山から山までの長さを波長という
▼1秒でくりかえす波の数を周波数といい、単位はHz（ヘルツ）、THz（テラヘルツ・1Tは1兆）、GHz（ギガヘルツ・1Gは10億）、MHz（メガヘルツ・1Mは100万）、kHz（キロヘルツ・1kは1千）

呼び方	ガンマ線	X線	紫外線	可視光線	赤外線	サブミリ波	ミリ波	センチ波	極超短波	超短波	短波	中波	長波	超長波	極超長波	超低周波
波長（m）	⇐短い 10^{-12} 1pm 10^{-11}（ピコメートル） 10^{-10}	10^{-9} 1nm 10^{-8}（ナノメートル）	10^{-7} 400nm		10^{-6} 750nm 10^{-5} 10^{-4}	10^{-3} 1mm	10^{-2} 1cm	10^{-1}	1 1m	10^{1}	10^{2}	10^{3} 1km	10^{4}	10^{5}	10^{6} 1000km	長い⇒
周波数	⇐高い 300万THz	3万THz	750THz		400THz 3THz 3000GHz	300GHz	30GHz	3GHz 3000MHz	300MHz	30MHz	3MHz 3000kHz	300kHz	30kHz	3kHz 3000Hz	300Hz	低い⇒
分け方	放射線			光		マイクロ波				ラジオ波						
						電波										
生活との関係	放射線治療、材質検査など	レントゲン、材質検査など	殺菌灯、紫外線ライト	光学機器	リモコン、赤外線ヒーター、サーモグラフィー	光通信	各レーダー、衛星通信	携帯電話など	電子レンジ、携帯電話	FMラジオ、航空管制通信	アマチュア無線、船舶・航空機通信	AMラジオ	IHクッキング、海上無線	長距離通信	潜水艦通信	高圧送電線、家庭電化製品

図1：電磁波と波長

ロッパのあちこちの電波天文台に残されています。私はオランダ、チェコスロバキア、フィンランドなどの電波天文台でヴィルツブルグ・レーダーのアンテナを見たことがあります。こんなときには戦争と電波技術の歴史を実感します。

★宇宙の電波はどこから

さて、電波天文学が始まって初めにわかったことは、私たちの天の川銀河が低い周波数帯（波長の長い）で強力な電波をだしていることでした。電波の応用はいつも、あつかいやすい低周波から高周波へ（波長でいうと、長いほうから短いほうへ）と進んできたので、電波天文学もこのフロンティアとともに宇宙を観測してきたのです。天の川銀河の方向からくる電波は、銀河の中の磁場（じば）によって螺旋（らせん）運動をする高速の電子がだす「シンクロトロン放射（ほうしゃ）」だということがだんだんにわかってきました。

宇宙の磁場の中で高速の電子が「ローレンツ力」を受けて

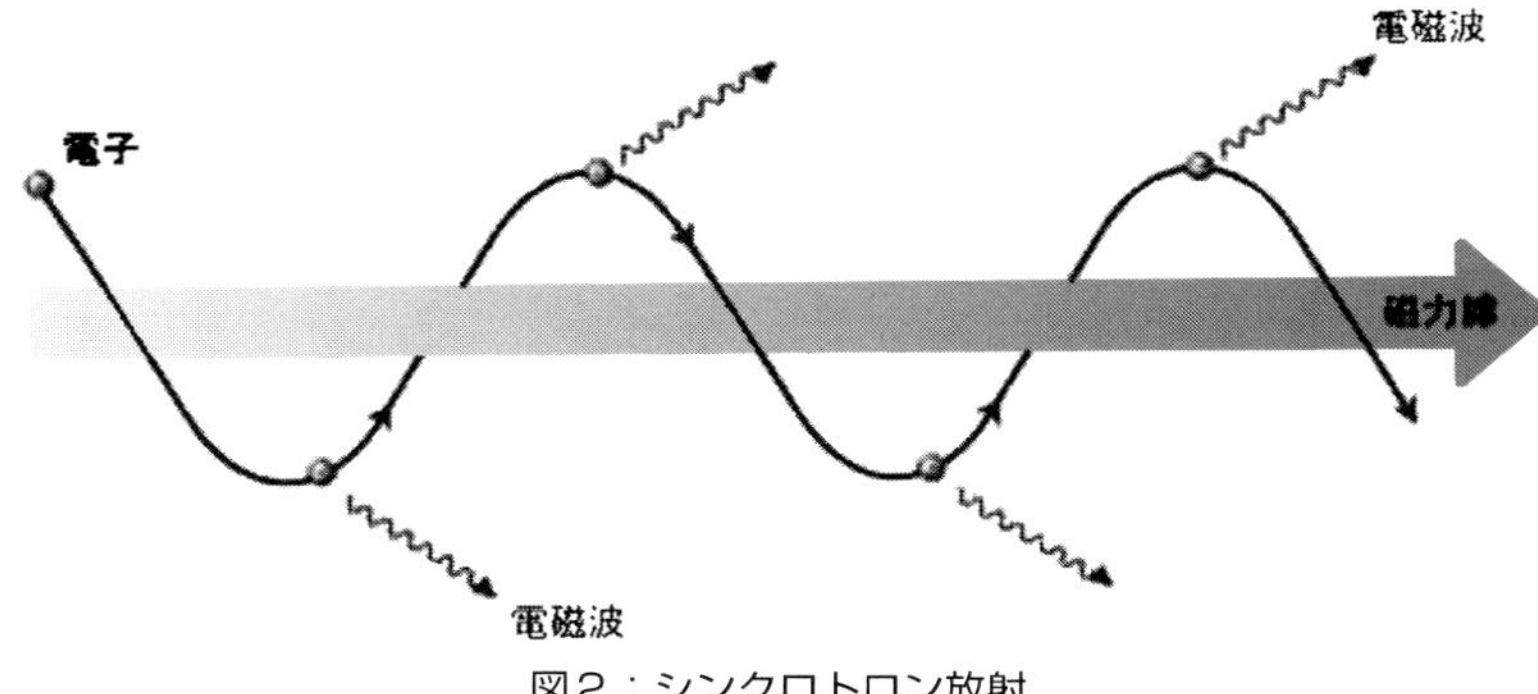

図2：シンクロトロン放射

くるくると螺旋運動をして、そのために電波が〝図2のように振り落とされるように〟放射されるからです。ローレンツ力はいずれ理科か物理で習うことになるでしょう。

このように、星の光の観測が主だった今までの天文学とくらべると、電波の世界では見える天体もその発生の仕方もおおいに違うものです。天の川の電波のほかにも強力な電波天体がいくつもあることがわかりました。

こういう電波源は大きくわけて、二つのタイプがありました。一つは天の川銀河の外にある銀河に発するものでした。こういうものは「電波銀河」と呼ばれるようになりました。もう一方は、星が壊れて爆発して衝撃波が広がっているもの、「超新星の残骸」でした。しかし、電波の発生の仕方は、天の川の電波も、電波銀河も、超新星残骸も、どれもがシンクロトロン放射によるものだということが、次第にわかってきました。

１９５１年、アメリカのユーインとパーセルは、天の川から水素原子の出す１４２０㎒（波長21㎝）のスペクトル線（決まった波長だけがでる光や電波のこと）の電波をとらえました。天の川は星の集まりだと思っていたのが、水素のガスの集まりでもあったのです。

それは波長が21㎝ほどの電波です。この波長だけに出る電波です。この電波はオランダの大学院生ファン・デ・フルストによって１９４４年に計算で予測されたもので、１９５１年にオランダとアメリカで競争で観測されたのです。

その後、このスペクトル線は天文学上の重要な観測手段となりました。スペクトル線だと、ガスの動く速さが「ドップラー効果」によって測れるのです。「ドップラー効果」とは、救急車やパトカーが近づくときは高い音に聴こえ、遠ざかるときは低い音に聴こえるのと同じ原理です。電波も音波と同じで、同じズレが起こるのです。そして、逆にズレの大きさから速さがわかるのです。

これによって、天の川銀河が回転している様子、水素ガスの集まりかたなどがわかるようになりました。水素はまた宇宙の中の物質の重さの4分の3を占めているのですから、大事なことです。

今まで光で見る星を中心に宇宙が理解されていたのが、電波によってダイナミックな星間空間がわかるようになって、宇宙全体がしっかりとわかるようになったのです。天文学の大きな変化でした。

そしてさらに１９６０年代には、おどろくべき発見の時代がやってきました。これについては後で話しましょう。


こうして電波天文学は、しだいに光の天文学とならぶようになってきました。

ジャンスキーの宇宙電波の発見以前の１９３０年に、若くして亡くなった金子みすゞさんがこんな

写真２：超新星の残骸カシオペアＡの電波像に地上の電波望遠鏡画像を組み合わせたもの

詩を残しています。

みえない星

空のおくには何がある。
　空のおくには星がある。
星のおくには何がある。
　星のおくにも星がある。
　眼には見えない星がある。
みえない星はなんの星。（後略）

宇宙には電波を出す天体、光では見えなかったものが見えてきます。心の深みをうたいながら、そんなことも予感させる詩です。ところが、宇宙全体が微(かす)かな電波に満たされているという発見が、さらに35年後にもたらされました。

★宇宙の始まりの電波の発見

1964年、アメリカのベル電信電話研究所のA・ペンジアスとR・ウィルソン両博士は、宇宙のすべての方角からやってくる微(かす)かな電波を発見しました。今ではそれが138億年ほどの昔に発射されたものだということがわかっています。この発見は1965年に発表されましたが、それは私が大学で天文学を専攻(せんこう)し始めた頃(ころ)のことです。宇宙には始まり(「ビッグバン」と呼ばれます)があって、その証拠(しょうこ)の熱い時代の電波の温(ぬく)もりが見つかったのです。何という不思議さでしょう。宇宙初期の電波を受け、宇宙の壮大(そうだい)なシナリオを解き明かすその時点に、私たちは立ったのです。人類の宇宙(うちゅう)観(かん)が変わった時でした。

彼(かれ)らの論文(ろんぶん)はたった2ページの「波長7㎝での余分な宇宙放射」と題した報告でした。ビッグバンで始まって38万年ほどのときの宇宙では、3000〜4000度の温度までさがって、このときに、原子核(げんしかく)は電子と結びついて原子ができて、宇宙が晴れ上がったのです。宇宙初期の晴れ上がりの時期にでた電波が、138億年もたった後にとらえられたのです。それは宇宙がひろがることによって約1000分の1の温度として見えているのです。現在の宇宙が絶対温度3度（注：摂氏(せっし)でマイナス270度くらい）の温もりで満たされているといっても、間違(まちが)いありません。それで、この放射は今では

「宇宙背景放射（CMB、Cosmic Microwave Background）」と呼ばれています（口絵3）。

実は、物理学者のジョージ・ガモフたちがこの宇宙背景放射を予測していたのですが、発見者のペンジアスとウィルソンはその予測のことをまったく知らなかったそうです。二人は何カ月も不思議に思いながら、チェックを続けていました。ところが近くのプリンストンにいた物理学者のディッケたちは、逆にこれを積極的に探そうと観測の準備をすすめていました。ディッケは理論と実験の両方に優れた物理学者でした。

このときペンジアスとウィルソンに、この観測の意味について教えてくれたのはアメリカのMIT（マサチューセッツ工科大学）の電波天文学者のバーニー・バークでした。バークは木星からの強力な電波を発見した、知的好奇心に満ちた話し好きの学者です。後に私たちの電波天文プロジェクトで何十回とお会いし、国際的にも大事な役目を果たしてくれた人です。ロシアの科学者たちと一緒に自宅に泊めていただいたこともあります。

写真３：ホーンアンテナを背景にペンジアス（左）とウィルソン（右）

宇宙が膨張しているのなら、その始まりはとてもとても狭くかたまって、高密度で高温だと考えられます。ガモフは宇宙のこの熱い時期に核融合反応によってさまざまな元素ができたのだろうと考えたのです。大胆で、しかも大きな仮説です。この仮説からわかったことは、ビッグバンでは、簡単な水素とヘリウムができるだけで、宇宙の物質の重さのほぼ4分の3が水素、ほぼ4分の1がヘリウムになるということでした。宇宙全体の水素とヘリウムのこの比は、現実の観測と合っていて説明がついたのです。ビッグバンでぐっと冷えていく短い期間だけしか核反応がおこらないことがいいところです。実際の宇宙では、水素、ヘリウムなどより重い元素は星の中の核反応でつくられています。

宇宙背景放射の発見者の二人は、この業績で１９７８年にノーベル物理学賞を授与されました。しかし、このとき、ガモフはすでに亡くなっていたので、受賞できませんでした。

宇宙背景放射によって宇宙にはたしかに始まりがあったことがわかったのです。今から考えるととんでもなく衝撃的な発見だったのですが、現実の世の中はとくに変わったわけではありませんでした。私自身も、その先大学院に進んでいいのかも悩んでいました。天文学に進んだときの研究生活も、あるいは会社に入った場合の生活も、そもそもどう生きていくのかも、とらえどころがなかったのです。

★パルサー（正確な刻みの電波源）の発見

ビッグバンの電波の発見から3年経った１９６７年、イギリスのケンブリッジ大学の大学院生だったジョスリン・ベルは、アントニー・ヒューイッシュ教授の指導の下で、電波をだす天体の観測をおこなっていました。ケンブリッジの郊外のマラード電波天文台で、ヒューイッシュが始めた研究です。

星の光は空気の層の動きによって瞬いて見えますが、惑星のように見かけの大きさのある星では瞬いては見えません。電波銀河やクェーサーと呼ばれる天体の輝く芯も、惑星間の電離した物質の動きで、星のように瞬いて見えるのです。電波でこの瞬きを観測すると、天体の見かけの大きさがどれほどかがわかるのです。

ところが、観測が始まってまもなく、ベルは「白鳥座」のすぐ南にある「こぎつね座」の方向から、約1・3秒ごとに電波がやってくるのに気がついたのです（1回ごとにやってくる短時間の電波をパルスと呼びます。パルスとは脈拍という意味です）。宇宙から正確な刻みの電波を地球に送ってくると、地球が自転と公転をしているので、電波のとどく時間列は、ずれてとどきます。このずれにはそういう見事な変化がありました。ですから、この電波は明らかに地球の外からやってきていたのです。しかも、電波のとどく時間の精度は1億分の1（3年に1秒しか狂わないほど正確）という原子時計なみの正確さでした。地球外からこれほど正確な信号を送ってくるなんて、「宇宙人からの信号」かなと考えたくなります。そこで何カ月もの間、研究チームはこれを「緑の小人」“Little Green Men”と呼んで、まわりにも秘密にして観測を続けました。

さらに観測を続けているうちに、このようなものが他にも3方向で見つかりました。パルスはどれも単純で、規則正しくそれぞれの周期で送ってくるだけでした。宇宙人が何か情報を伝えるためならパルスを少しでも意味ありげに変化させるはずですが、そのような気配もありません。そこで、これらの電波は、なにか自然の天体現象によるとして論文に発表しました。

やがてこの天体の正体は、理論的に存在が予言されていた中性子星であることがつきとめられました。中性子星とは重い恒星の末期の大爆発、超新星爆発の後に残される、直径わずか20㎞ほどの天体です。ビーム状に電波をだす中性子星が自転するようすを遠くから観測すると、灯台のようにピカ、ピカ、と見えます。周期の正確なパルスは中性子星の自転のせいだったのです。パルスをだす中性子星は以後、「パルサー」と呼ばれるようになりました。「パルスを出す星」という意味です。

この功績でヒューイッシュは、ケンブリッジ大学同僚のマルチン・ライル教授の別の功績と一緒に、１９７４年ノーベル物理学賞を授与されました。しかし最初にパルサーに気づいた大学院生のベルはノーベル賞をもらえませんでした。「ノー、ベル賞」だといったイギリス人もいたそうです。

パルサーの発見のあとは、わくわくが続きました。ベルさんは私と同じ歳の女子大学院生でした。そんなこともあってパルサーの発見を身近に感じました。それから40年近い月日がめぐって、私は還暦（満60歳の誕生日）を迎えましたが、まさにその還暦の誕生日に、イギリスの大学の学部長をしているベルさんが私のいた宇宙科学研究所におみえになりました。案内役をして一緒に回りました。お別れのときに、「同い歳で、まさに今日この日に60歳の身で次の人生のサイクルに入るのです」と話しました。そして同時代を生きた彼女とお別れの握手を交わしました。その夕方は研究仲間が還暦の祝いをしてくれました。昔のおじいさんのいでたちの、赤ズキンとちゃんちゃんこを用意してくれたのです。メッセージ入りのデコレーションケーキまで用意されていました。

写真４：パルサーを発見したアンテナと当時のベルさん

写真５：宇宙研で、60歳の誕生日にベルさんと

発見の１９６０年代

１９６０年　クェーサーの発見（光学的同定）
１９６２年　電波源の３Ｃカタログ（英・ケンブリッジ大）
１９６３年　クェーサーが宇宙論的遠方天体とわかる
　　　　　　ケンブリッジの「１マイル望遠鏡」（超合成望遠鏡）
１９６４年　アレシボの３００ｍ球面鏡完成（米）
　　　　　　マイクロ波宇宙背景放射の発見
１９６５年　星間メーザー（ＯＨ）放射の発見
１９６７年　パルサーの発見
　　　　　　ＶＬＢＩ（超長距離電波干渉計）の成功
１９６８年　星間分子の発見ラッシュの始まり

★電波の宇宙をさぐる

さて、ここで電波についてすこし説明しましょう。

電波は波長が長い電磁波なので、その波がどちらからやってくるのかはわかりにくい性質があります。１００ｍ、１０００

mという大きなアンテナをつくるといいのですが、それはたいへんなことです。そこで電波天文学では、アンテナを組み合わせて干渉計という電波望遠鏡をつくることがよく行われます。

コラム　干渉計とは1

光の波長は1ミクロン（1マイクロメートル、μm）よりちょっと短くて、一方でメートル波といわれる電波の波長は1mくらいです。ですから、電波望遠鏡がうける電波は光に較べて波長が桁違いに（100万倍ほども）長いので、やってくる電波は海岸に打ち寄せる波、あるいは音波のように、とらえどころがないようなふるまいをします。物理ではこれを「波の回折」という言葉で呼びます。音の正体は音波という空気の波です。音波を捉える耳が、どちらから音がやってくるかを目ほどは詳しくはわからないのもこのせいです。これは電波でも同じです。

そこで、アンテナを遠く離して、その電波のとどくちがいを比較して到来方向を感じるようにします。電波望遠鏡は光学望遠鏡にくらべて回折のために、たいへんに不利なのです。このためよく見える望遠鏡が欲しいと思ったら、電波望遠鏡の直径は光の望遠鏡の100万倍も大きくなければならないのです。

光が波の性質を持っているので、光源からの光を二つのスリットを通して「干渉」させてみる物理の実験があります。「ヤングの実験」と呼ばれるものです。これは波が強めあったり弱めあったりすることを見る実験です。ところが、この光源が大きさをもつと干渉縞が見えにくくなります。

そこで、マイケルソンはウィルソン山の光学望遠鏡の両端に鏡を置いて導いて干渉させて、干渉の出にくさを利用して、星の見かけの大きさを測ったのです。これを「マイケルソン干渉計」といいます。ヤングの実験の二つ

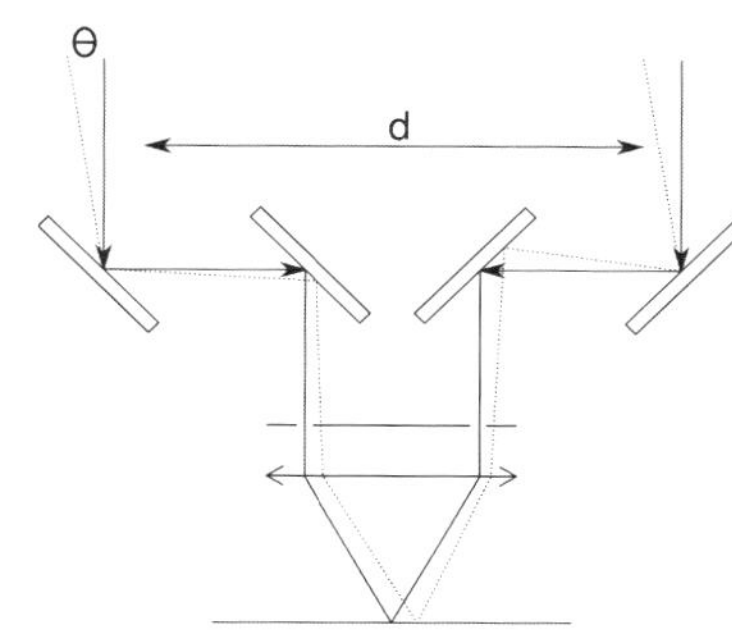

図３：マイケルソンの干渉計

のスリット、あるいはマイケルソン干渉計の両端の鏡をアンテナに置きかえたものが「電波干渉計」です。

このような干渉計で、アンテナ同士の距離（きょり）が長くなると、アンテナ同士を結ぶ信号線のためのケーブルがどんどん長くなっていきます。普通（ふつう）の干渉計ではこうして数kmから数十kmぐらいまでが実現されていきました。電波の来る方向がよく見分けられるようにするためです。この見分ける能力を、「分解能」あるいは「解像度」といって、見かけの角度で表します。私たちの目はだいたい角度で1分（60分の1度）の解像度を持っています。

★ライルと開口合成型電波望遠鏡

コラム　干渉計とは2

複数のアンテナでつくる電波望遠鏡を広い意味で電波干渉計といいます。ケンブリッジ大学では電波天文学者のM・ライルが独自の方式で干渉計を合成して電波望遠鏡を開発していました。この方式は専門家（せんもんか）の間で「開口合成（Aperture Synthesis）」とよばれる像合成法で、これは広い視野の中を高感度でよい解像度で観測できる優れたものです。

ライルのグループは改良を重ねながら、宇宙の電波天体（電波源と呼びます）のリストであるカタログ（カタログとは天体の一覧をいう用語です）を作りました。望遠鏡や解析法の改良でできた3回目のカタログ、「3Cカタログ」（Cとはケンブリッジのことです）は信頼できるものになり、今でも使われる標準的なカタログです。

電波望遠鏡をケンブリッジで実際に作り、宇宙を観測したM・ライルは、宇宙にある電波源を観測するだけで宇宙が時とともに変化するものなのか、あるいは変化しないものなのかを知ることができると考えました。

遠くを観測すると、それが光速で伝わる時間の分だけ遅れて見えて、それだけ昔の姿を見ていることになります。

たとえば1光年の距離の星は、1年前の姿を見ていることになります。逆に近くの出来事は最近の出来事として見えます。ライルたちは現在と過去の違いを、宇宙の近いところと遠いところの電波源の個数の密度の違いで見ようとしたのです。つまり、宇宙が定常（時間がたっても変わらない）なら、近くでも遠くでも電波源の個数の密度は同じでなければなりません。ところが、密度は距離によってちがったのです。こうして観測から宇宙は非定常だという証拠が見えてきたのです。

これにさかのぼる１９２９年に、ハッブルは遠い銀河ほど速い速度で遠ざかっていることを見出し

写真６：マーチン・ライル（1918—1984）とケンブリッジの開口合成型干渉計

ました。これから、宇宙は広がっているのだと考えることもできました。アインシュタインの一般(いっぱん)相対性理論を宇宙に応用してみると、これはほんとうのことのようでした。もしそうなら、昔は銀河がもっと密集(みっしゅう)してとても凝集(ぎょうしゅう)した熱い状態から宇宙が始まったと考えられます。このようにして始まる宇宙は「ビッグバン」と呼ばれるようになりました。

ほんとうに宇宙はビッグバンで始まったのでしょうか。しかしケンブリッジ大学のＦ・ホイルはいつまでもビッグバン説に反対して定常な宇宙論を展開(てんかい)しました。たとえ宇宙が広がって希薄(きはく)になっても、新たに物質や銀河が生まれて、定常な宇宙があるのだと考えたのです。同じケンブリッジ大学にいながら、ホイルとライルはとても仲が悪かったそうで、生涯(しょうがい)にわたって、「進化する宇宙」か「定常の宇宙」かの論争(ろんそう)を続けました。

ライルは若くして亡くなりましたが、晩年(ばんねん)は核兵器(かくへいき)に反対する運動に熱心だったということです。ライルが亡くなった日は私の誕生日です。ほんのすこしでも見習って生きなければと思いました。

ライルの属したケンブリッジの電波天文グループ（マラード電波

天文台）は、ここの物理学をたばねたキャベンディッシュ研究所に属します。「キャベンディッシュ」は金属の玉を吊るして万有引力の力を測ったりした、極端にはずかしがりで大金持ちの大科学者の名前です。この研究所ではパルサーの発見（Ａ・ヒューイッシュ、Ｊ・ベル、１９６７年）もありましたね。

そもそも中性子は１９２０年に、陽子とともに原子核を構成するものとして考えられました。中性子は陽子とほぼ同じ質量で電荷を持たないものとしてＥ・ラザフォードによって予言されたのです。それが１９３２年に弟子のチャドウィックによって実験でたしかめられました。これらの一連のできごとは中性子星発見まで、すべてケンブリッジ大学のキャベンディッシュ研究所の中で行われたのです。

ここでは、所長のラザフォードに率いられた原子核実験グループのめざましい活躍がありました。さらにその後ブラッグ所長に率いられたキャベンディッシュ研究所では、Ｘ線回折による結晶や分子の仕組みやＤＮＡの二重螺旋についての生物学上の大発見（ワトソンとクリック、１９５３年）があります。実は、このＸ線回折は電波の干渉という話と深い関係があるのです。

日本の電波天文学、宇宙にいどむ

★淡い望遠鏡の思い出

この本ではすごい望遠鏡のお話をしますが、ここで思い出すことがあります。私は山ばかりの長野県に生まれました。家は小さな農家で、春の村にはアンズ、そしてリンゴの花がいっぱい咲きました。アンズがいっぱい咲くと、私たち全校生徒は画板をもって好きなところに散らばり、一日中遊び、適当に絵をしあげて学校にもどりました。村にそって千曲川が遠く北の日本海に向かって流れていました。

わが家のすぐ近くに、郡で1、2番という豊かな広い屋敷がありました。ある夜、ここの大きな門の外の空き地で、大人たちも子どもたちも1台の望遠鏡（双眼鏡だったかもしれません）を囲んで星空を眺めていました。私は小学校にあがる前だったのでしょうか、暗い中で自分以外はみんな背が高かったのです。しかしこのときの情景をおぼえていながら、望遠鏡をのぞいた覚えがないのです。引っこみ思案の私は、後ろに引っこんでいてのぞかなかったと思うのです。後に大人になって、大きな大きな望遠鏡をつくるようになるとは、考えることができなかったころのことです。

　１９６３年に大学生になって、長野県の山の中から碓氷峠の30ほどのトンネルを抜けて列車で東京に出て学生生活が始まりました。関東平野はただ広く、太平洋にむかって開けていました。

★電波天文学の世界へ

　大学生のとき、畑中武夫の『宇宙と星』（岩波新書、初版は１９５６年）という本を読みました。それまでの天文の一般書といえば、ちょっとした星の知識と星座を解説したもので、あまり読もうという気がおこりませんでした。しかしこの本は星がどう変化していくのか、銀河宇宙は、電波天文学は……と、私の知らない世界をひろげてくれたのです。長野県の山の中でほんとうの星空にめぐまれていましたが、天文少年でもなければ星座もほとんど意識しませんでした。

　畑中武夫先生は東京大学の東京天文台の教授で電波天文学グループをたちあげ、また世界の舞台でも積極的な活動をしておられた先駆的な先生だったということです。それからまもなくして１９６３年に49歳の若さで亡くなられたのですが、これは、私の大学１年生のときにあたります。入れ違いになってしまって、一度もお会いできなかった先生です。

　私たちの大学では、入学して始めの1年半はひろく教養をつみ、専門学科は2年の後半に決めることになっていました。私はこのとき物理学科に進学しましたが、物理学科はいわゆる物理、地球物理、天文をふくんでいました。そして3年生になると、授業の場所は東京・駒場キャンパスから、上野公園近くの本郷キャンパスに移りました。物理学科の授業はみんなで一緒に受けましたが、天文専攻の数人で歩いて10分ほどの弥生が丘キャンパスの天文学教室で天文の講義や実習も受けました。このときの夜の実習で生まれて初めて望遠鏡というものをのぞいたのだと思います。

アメリカでのビッグバンの電波の発見は、私が大学生の終わりのころ、そしてイギリスでのパルサーの発見は大学院の修士の学生のときでした。パルサーが発見されたときは電波天文学への道に踏みだそうとしていたころでした。いま思うと、自分はすごい時代に居あわせたのだなと思います。しかし、その当時はこれからどう進んだらいいのか、先がまったくわかりませんでした。

迷いがありながら大学院に進んでも、まだ進むべき道がはっきり定まらずにいました。同学年で天文の仲間は7人いましたが、彼らも似たようなものでした。電波天文学か銀河研究かぐらいの目的意識で、プラズマ物理の輪講などに参加していました。東大の天文学教室には電波天文の先生はいなかったので、三鷹にある大学付属の東京天文台（現在の国立天文台）の宇宙電波グループの扉をたたきました。後に主任教授になる赤羽賢司先生は、「宇宙電波をしたくても観測する電波望遠鏡もないので、やめたほうがいい」とおっしゃるのです。結局、2、3回くりかえして、居座ってしまったかたちになりました。私の先輩2人も同じようなことをいわれたものだと、後から聴きました。

第二次世界大戦のあいだは国を挙げてレーダーや通信技術に力を入れていたころで、日本も例外ではありませんでした。戦争が終わると、大阪市立大学では高倉達雄、小田稔先生が太陽の電波を受ける努力を始めました。サーチライトの架台のうえにアンテナを取り付け、レーダーの受信機を改良して取り付けたりしたそうです。高倉先生はまもなく東京大学東京天文台に移り、太陽電波の研究を続けられました。小田先生はその後、宇宙線、X線天文学への道をひらいて、宇宙科学研究所に強力なX線天文学グループが誕生しました。名古屋大学では田中春夫先生が太陽電波の研究を進め、干渉計型の太陽電波望遠鏡で世界の模範となるようなしっかりした観測を続けたのです。東京大学の東京天文台では、萩原雄祐台長のもとで、畑中武夫先生が電波天文学をスタートさせてリードしました。そして、まず始めは太陽電波天文学に集中しようという方針で、東京、三鷹での10m電波望遠鏡、干渉計型の電波望遠鏡での観測から、さらに長野県野辺山での１６０MHz干渉計での太陽観測へとすすんでいきました。以上が日本の電波天文学の芽生えでしたが、それがそのまま順調に花開いていったわけではけっしてありません。

さて、１９６０年代の発見の時代にあって、日本にはまだ太陽より遠くの宇宙を相手にした電波望遠鏡がありませんでした。大きな遅れでした。このような中で、宇宙電波を研究したいと思う研究者があらわれました。東京大学東京天文台の赤羽賢司先生、森本雅樹さんです。お二人は国内の衛星通信用アンテナを借用し、大学院生を育てながら、苦労の末、野辺山の電波天文台を作る道につきすすまれました。実にハングリーな時期を共有し、装置づくりをしながら、小さな芽のような私たちのチームは育っていきました。まだデータもだせない分野に進みたいという学生はよっぽどやる気があったか、たんなる世間知らずだったのでしょう。

まず大学院の2年以内に修士論文を提出することになっていました。主任教授の赤羽先生のすすめで、天の川銀河にそって「掃天観測」をすることになりました。掃天観測とは天文用語で、じっくりと箒で掃くように、視野の中をあますところなく観測していくのです。まだ未知の電波天文学の世界では、このような観測が大切で、いろいろな電波望遠鏡が個性ある掃天観測をしていました。

郵政省の電波研究所が茨城県の鹿島に30ｍの宇宙通信用実験アンテナをもっていました。これをお借りして、夜のうちに受信のつなぎをかえて電波天文観測に使うのです。観測の波長7㎝のマイクロ波で、当時は他にこのようなマイクロ波で解像度のよい観測はなかったので、天の川の方向の電波源の様子がよく見えてきました。銀河シンクロトロン放射、超新星の残骸、若い星のまわりの電離領域、いろいろなものが天の川の方向に見えてきました。宇宙背景放射の発見をしたウィルソンも、別の周波数で銀河面の電波の観測をしていたことを知りました。修士論文を提出する頃は大学紛争がはげしくて先が見えない想いでしたが、さらに博士課程に進学しました。

★ＫＤＤの実験用アンテナを使って博士論文

博士課程の大学院生になると、3年間で博士論文の提出をすることになります。今度は、「銀河の研究を世界の誰もしていない高い周波数でしてみたらどうか」ということになりました。そしてＫＤＤ（国際電信電話株式会社）中央研究所の実験用ミリ波アンテナを使わせてもらえることになりました。

１９６３年にアメリカのケネディ大統領は、「１９６０年代中に人間を月に送って無事に帰還させる」と宣言しました。これは「アポロ計画」となって、１９６９年の人類初の月面着陸で見事に実現しました。また、「通信衛星を通じて宇宙通信で世界をつなげる」とも宣言したのです。

これによって、イギリス、アメリカ、日本で衛星通信用のアンテナの開発競争が始まりました。そして日本ではＫＤＤが作られ、研究、商業化へと進んだのです。ＫＤＤでは中央研究所が開発にあたり、そこの無線伝送研究室長の横井寛さんは、私の主任教授だった赤羽先生や森本さんと、すでに研究上のつながりがありました。20ｍ、30ｍ級のパラボラアンテナの特性を測ったり、補正したり、そのために宇宙の天体を利用したり、そのためにはいろいろな電波天文の知識や経験が大事です。実は、ベル電信電話研究所のペンジアスとウィルソンが１９６４年に宇宙背景放射を発見したのも、もとはといえば、宇宙通信用のアンテナの測定、補正のためだったのです。

ＫＤＤは茨城県の高萩・十王と山口県とに宇宙通信局を設けて、いくつもの実験用および実用のアンテナを作りました。茨城県の局は太平洋上の静止衛星と、山口県の局はインド洋上の静止衛星と通信するためです。そして将来のミリ波通信の開発のために、茨城のほうに直径７ｍのミリ波アンテナを作りました。ミリ波とは波長が数㎜という電波で、だんだんに光に近い性質をもちはじめます。当時はミリ波は研究や実用の先端だったのです。

こうして、茨城県に泊まりこんで、天の川銀河の波長２㎝での明るさを７ｍのアンテナを電波望遠鏡として利用して精密に測ったのです。波長２㎝では天の川の電波はとても暗くなります。拡がったものの微かな明るさのちがいを測るのはむずかしいことで、これは宇宙背景放射の観測のむずかしさと似ています。活発で親分肌の横井さんと若く優秀なＫＤＤ研究所の皆さんと一緒の貴重な日々でした。そして、平林、森本、横井という３人連名の短い論文を『ネイチャー』というイギリスの科学誌に発表しました。さらに、シンクロトロン放射の様子と、電子のエネルギー、銀河面にただよう電子などをあつかった博士論文を仕上げました。

★６ｍミリ波望遠鏡をつくる

東京天文台では、赤羽先生と森本さんが、将来を見越して、ミリ波の電波望遠鏡づくりを始められました。当時、電波のフロンティア（最先端）だったミリ波は、電波天文での競争相手としてはアメリカがあるだけでした。この小振りの６ｍ電波望遠鏡作りに大学院生の私も参加しました。当時はミニコンという小型コンピューターが世に出たばかりの頃でした。これ以前は電子計算機（コンピューター）といえば、特別な計算機室にある研究用のものしかなかったのです。私はミニコンでソフトを組んで、アンテナの追尾の制御、データ収集などをリアルタイムで制御できるようにしました。

写真７：野辺山の 160MHz 太陽電波干渉計（背の高い網状のアンテナ群）

★野辺山太陽電波観測所

大学院の５年間で学位をとると、私は東京大学の東京天文台（現在の国立天文台）に助手として採用されました。こうして30歳近くなってようやく給料がもらえるようになりました。もうアルバイトやお金の心配をしないでいいのだと、ほっと肩が軽くなったような気がしました。

そしてまず八ヶ岳のふもとの野辺山の太陽電波観測所に勤務することになりました。野辺山は標高が１３００—１４００ｍほどの高原です。ここは長野県に属し、降った雨や雪水は、矢出川に集まり、千曲川となって、最後は信濃川として日本海に注ぎます。私の生まれ育ったところはこの千曲川が流れる村上村でした。長野県に生まれて狭い村にいたので、八ヶ岳のような３０００ｍに近い山々や広い高原は、とても魅力的な自然でした。下流に故郷があるところに赴任したのも偶然ながらもうれしいことでした。

故郷の村上村は、戦国末期に甲斐（今の山梨県）の武田信玄と真っ向から戦って、２度も大勝した（上田原の戦い、砥石城の戦い）と

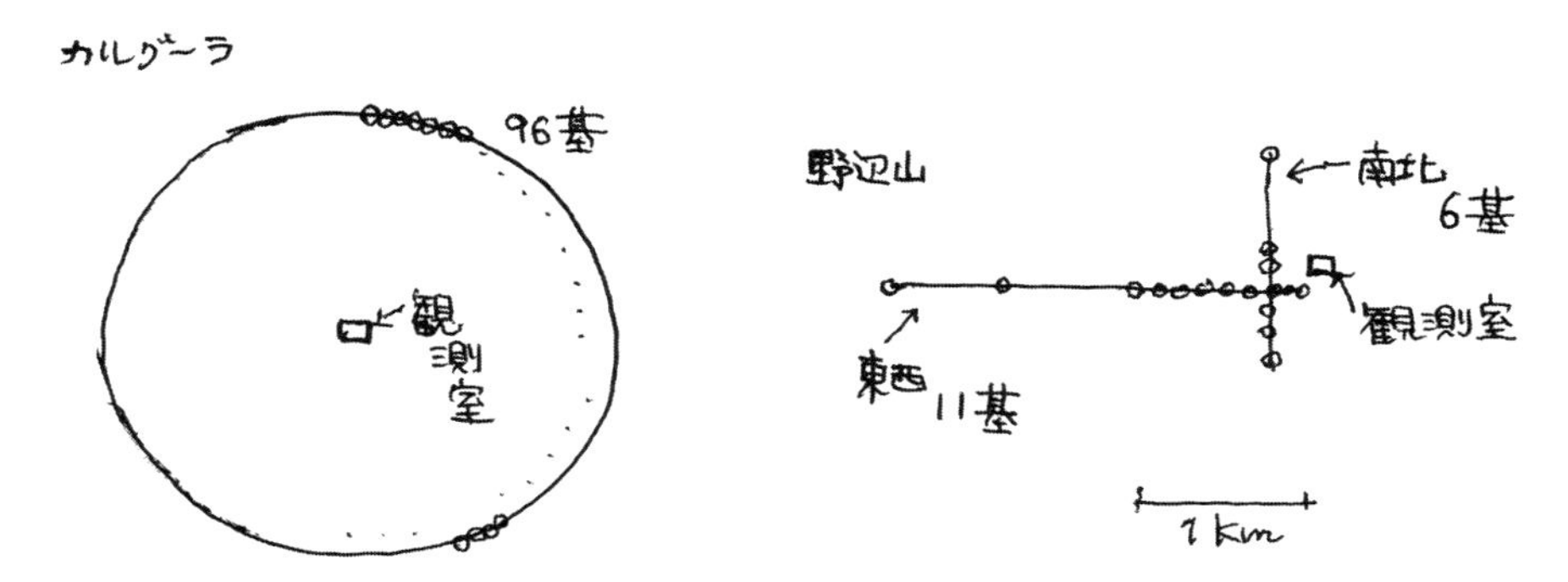

図４：野辺山とカルグーラの太陽電波望遠鏡配置の模式図

いう戦国武将(ぶしょう)の村上義清の本拠地(ほんきょち)です。両軍は野辺山の矢出川原でも戦ったと聞きました。ほんとうかどうかわかりませんが、雨の後に畑を歩いて黒曜石のヤジリが光っているのを見つけたことがありました。

　野辺山太陽電波観測所には「１６０MHz（波長約2m）太陽電波干渉計」がありました。東西２４００m、南北１６００mにわたって17基のアンテナが並(なら)ぶ大望遠鏡です。東西方向には99mごとに8基のアンテナと、７９２mごとにならぶ3基のアンテナが直線状に並んで、太陽からの電波の東西方向を０・１秒ごとに走査するのです。こうして電波の東西方向を知るのです。南北は１６０mごとにならぶ4基のアンテナと、６４０m離(はな)れた2基のアンテナが、太陽の電波の南北方向を走査します。こちらは電波の南北方向を知るのです。

　しかし、これは太陽の像を作れるわけではありません。見た目にはアンテナが東西と南北に並んでいるのですが、東西に並ぶアンテナの信号と南北に並ぶアンテナの信号とはつながっていないのです。それがこの干渉計の弱みでした。

　ところが同じ頃オーストラリアでは、ポール・ワイルドに率いられたグループが、シドニーから内陸のカルグーラに96基のアンテナを直径３㎞の円形に並べて、太陽の像を１秒に１回ずつとらえる太陽電波望遠鏡「ラジオヘリオグラフ」を作ったばかりでした。この基本的なアイディアはワイルドによるもので、円周状にならんだアンテナの信号を巧妙に組み合わせて、太陽面の映像を作りあげるという絶妙のアイディアでした。これはライルの開口合成型とはまったく違う方式のものです。このラジオヘリオグラフの設計・製作には、日本からオーストラリアに帰化した電波天文学者の鈴木重雄さん、それから森本さんが参加したのです。観測の周波数帯は80㎒（波長４ｍほど）帯で、これは後に40㎒と１６０㎒でも観測できるようになりました（ワイルドは後にオーストラリアの文部科学大臣になりました）。

一方、私たち野辺山の太陽電波観測所のグループは少ない人数で、冬は寒く劣悪な生活と研究条件の下で、なんとか頑張っていました。そして、将来はマイクロ波からミリ波で本格的な太陽電波望遠鏡を作ることを夢に、17㎓（波長約２㎝）で働く装置の開発にとりかかっていました。これは後に、１９９２年に完成した「野辺山ラジオヘリオグラフ」に結実したものです。

野辺山で地道な努力をしている間にも、世界の宇宙電波天文学のすごい進展が続いていました。当時は、イギリス、オーストラリア、オランダ、アメリカが電波天文学をリードしていました。そこから発信される宇宙電波の観測結果はおどろきで、とてもうらやましいものでした。どうしたらこんなレベルになれるのだろう。宇宙電波への想いとともに、じりじりするような焦りにかられていました。

★野辺山宇宙電波観測所の建設と45ｍ電波望遠鏡

ここで、宇宙電波天文学が開いた新しい窓に魅せられて未来を感じた研究者たちが集まり始めました。研究者たちは「宇宙電波懇談会」という研究連絡会を作って、将来計画を熱く論じ始めました。それからの私たちは、世界一級の宇宙電波望遠鏡を作る夢にむかって走りだしました。

それはたくさんの人を引きこむ、長い急坂を登るような努力でした。まだあまり実績はなかったけれど、情熱を持った人びとが集まってきました。考えられる装置、向かうべき方向、メーカーとの検討、土地探し、予算獲得、日本の天文学会としても初めての大計画でした。先がわからない苦労の何年かが過ぎました。私は野辺山の太陽電波グループに属しながら、この宇宙電波の将来計画に参加していて、どうなっていくのか気になって仕方がありませんでした。

この大型宇宙電波望遠鏡の建設計画は幸いにも予算がつき、場所は野辺山に決まり、建設は１９７８年にスタートしました。幸い、私は太陽電波のグループから、この新しい大計画の宇宙電波グループに移籍することができました。そこで、家族と６年を暮らした野辺山からいったん東京に移りました。そして三鷹の宇宙電波グループに合流です。

しかし、まもなく高齢の父が次第に元気がなくなっていきました。父は歯がゆいほどに弱くなっていきました。父を見舞って早朝に野辺山にもどると、父が危篤という知らせを受けました。同じ道をまたすぐに父のもとに急ぎました。しかしすでに父は息をひきとっていました。農家の長男として生まれながら父を早くに亡くし、一生をまじめに働き続けた父でした。
野辺山では始めは土木工事、基礎作りが入念に行われました。そしてとうとうアンテナの部材が三菱電機の伊丹工場から搬入です。そして45ｍ電波望遠鏡が次第に組みあがって高さを増していくのは感激でした。アンテナの大きなパラボラの骨組みができあがっても、まだ反射面のパネルはすぐには張られませんでした。面の骨組みの上部に登ると、天空に身を任せて浮かんでいるようでした。脚の下には大きな夢がふわふわと実現しつつあるように感じました。そして八ヶ岳の峰々や野辺山の原がなんとも素敵に見えるのです。

こうして１９８２年に東京大学東京天文台野辺山宇宙電波観測所は、本格的な共同利用装置として「45ｍミリ波望遠鏡」、と「10ｍ５素子ミリ波干渉計」を完成させました（口絵4）。ここで5素子とは、５台のアンテナを使うという意味です。建設総額１１０億円は、それまでの日本の基礎科学予算で最大の電子シンクロトロン加速器の70億円をうわまわるものでした。

ミリ波干渉計は「開口合成型」の電波望遠鏡です。アンテナのならぶ基線は東西５６０ｍ、南北５２０ｍの変形L字型です。レール上を動く移動台車で10トンの10ｍ素子アンテナを移動させ、30カ所の基台の上に必要な配列になるように高精度で設置します。野辺山5素子ミリ波干渉計ができたころ、同じようなミリ波の開口合成干渉計としてはアメリカでカリフォルニア工科大学の10ｍ３素子、カリフォルニア大学バークレーの６ｍ６素子が稼動を始め、ついでヨーロッパの15ｍ３素子干渉計がフランスのビュール高原に完成しました。ミリ波干渉計で、日、米、欧が競い合ったのです。これが後に

２０００年代に入って日・米・欧他が協力して南米チリの標高５０００ｍのアタカマ砂漠に完成した巨大ミリ波サブミリ波干渉計「アルマ（ＡＬＭＡ）」に続くことになったのです。

野辺山宇宙電波観測所は１９８２年に開所式が行われ、それ以降は全員が野辺山に移り住み勤務しました。ここでのリーダー格の田中春夫、赤羽両先生は工学部出身で、天文学科出身の研究者が多い東京天文台ではめずらしいことでした。森本さんは個性的な研究者でチームを元気にひっぱり、進歩的で、私たちに自由にやらせてくれました。こうして若い勃興期の野辺山の電波天文学に新進気鋭の気風が作りだされました。野辺山天文台が全国世界に開かれた共同利用施設となり、全国の研究者の組織がそれを支えるというかたちが根づきました。天文学界よりずっと先進的だった物理の世界ではあたり前のことだったのですが、天文の世界はずっと遅れていました。野辺山のこの気風は当時の日本の天文学に風穴をあけるほどの影響力をもったといっていいでしょう。

写真８：八ヶ岳を背景にした
45m 電波望遠鏡

私にとっては2回目の野辺山勤務です。妻と３人の子どもたちを残しての単身赴任です。しかし、美しい自然の中で、今度は世界一級の観測装置のそばですごすことができるのです。千曲川を下れば故郷があります。なんという不思議なめぐりあわせなのでしょう。

★45ｍ電波望遠鏡で見えてきた宇宙

45ｍ望遠鏡によってたくさんの分子のスペクトル線が見えてきました。分子にはそれぞれ固有のスペクトル線があります。スペクトル線を観測できると、どんな分子が宇宙にあるのかがわかります。運動の様子や温度までわかってくるのです。

温度の低い宇宙空間には炭素を骨組みとした有機分子が多いのです。地球上の生命をつくるのと同じようなものとして、メチルアルコールやエチルアルコール、アンモニアや有毒なことで知られたシアンなど。一方では、地球上にはなくて宇宙でできやすい直線状分子などがあります。そして星のでき始めの研究などで、野辺山は世界第一線の観測を行いました。

星は星間空間の密度が濃くて温度の低いところで、重力でひっぱりあって原始雲として誕生します。さらに集まって濃くなっていくためには、運動のエネルギーを失わなければならないのですが、星間分子がスペクトル線をだすことによってエネルギーを捨てることができます。また、星間分子線はこのような星間雲の密度や温度を知るてがかりとなります。また、分子雲そのものの動きが、スペクトル線のずれ具合（ドップラー効果）でわかります。こうして、45ｍ電波望遠鏡は、星ができている代表的な現場、オリオン星雲、銀河中心の射手座B2などという天体を見る時間がおおくなりました。光の天文学では、安定に光り輝いている、いわゆる目で見える星を調べるのが得意ですが、電波ではそもそも普通に輝く星は見えません。むしろ星になる前はどうなのか、また星が壊れてからどうなる

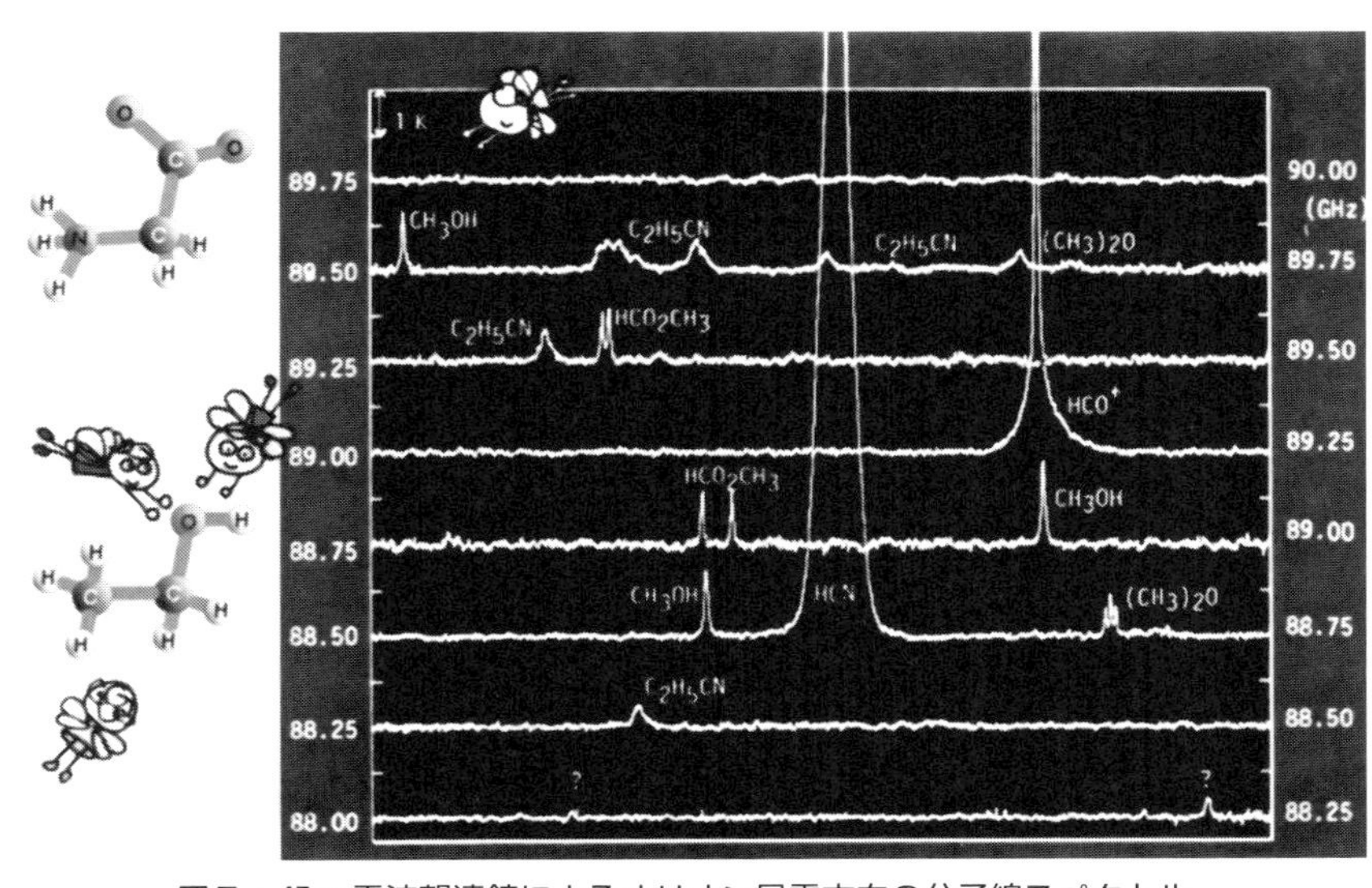

図５：45m 電波望遠鏡によるオリオン星雲方向の分子線スペクトル

のかがよく見えて、解明できるのです。

光で見た天の川は、数限りない星が、白い河のように見えています。これらは太陽のように核融合反応をおこして、光りかがやいている生き生きとした星の集まりです。ところが電波で天の川を見ると、そこには全く別の世界が見えてきました。半田利弘さんを中心にして「銀河面サーベイ観測」を波長３㎝で行いました。天の川に沿っていろいろな電波天体が見えてきました。

野辺山の宇宙電波観測所ができると、私たち研究者は装置の開発や立ち上げなども行い、また、観測のオペレーター役もしたのです。外国では研究者とは別にきちんとオペレーターがつくものです。

★超電波望遠鏡の出現、地球を鏡にする

話はもどりますが、１９６７年、私の大学院の学生時代のことでした。ＶＬＢＩという革命的な実験が成功したと

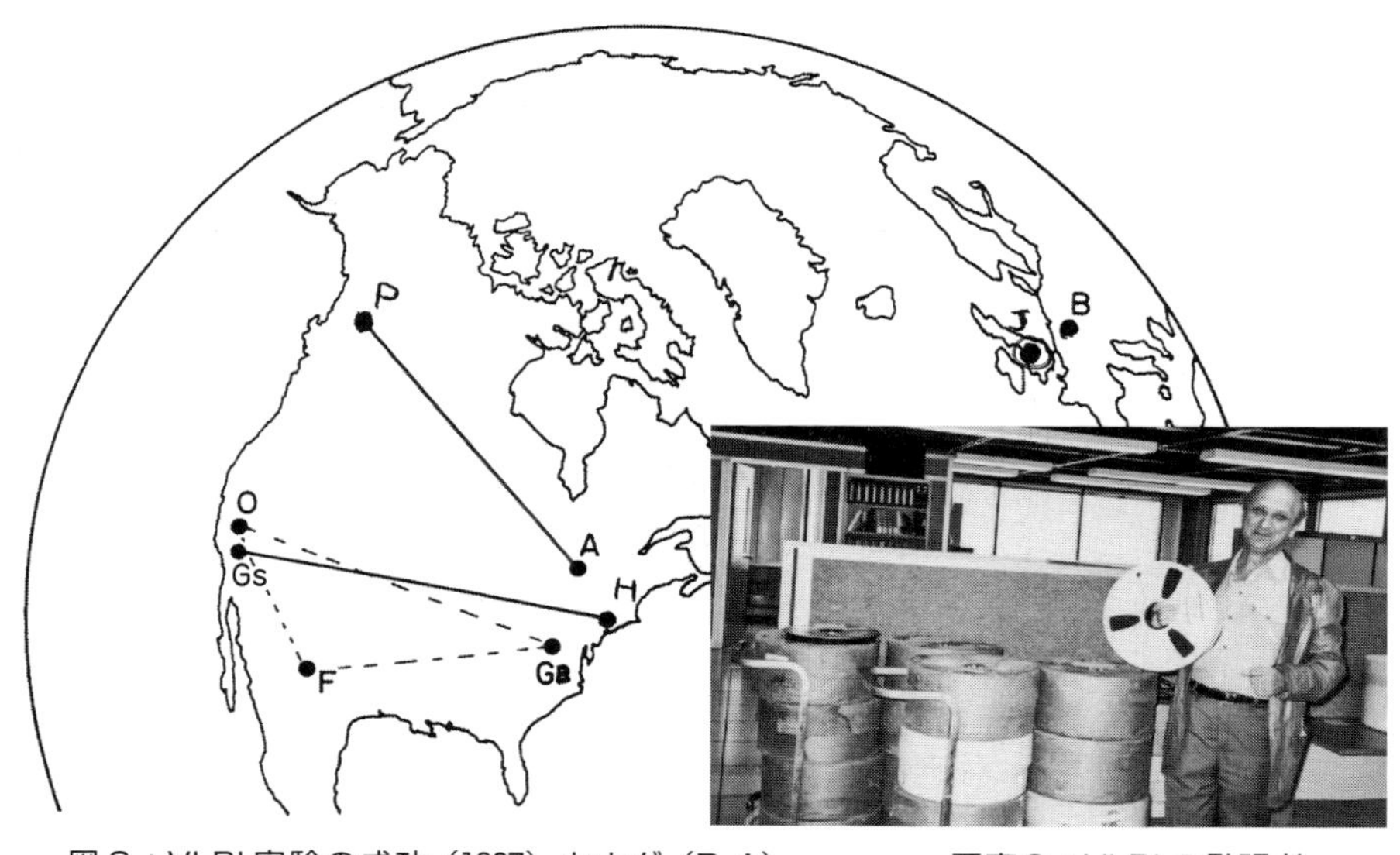

図６：VLBI 実験の成功（1967）カナダ（P–A）、アメリカ（H–Gs）、イギリス（J–J）で成功した

写真９：VLBI の発明者 マトベイェンコ博士

いう話をききました。東京大学の東京天文台で先生たちと新着の論文を紹介する会でのことでした。地球のあっちとこっちでとらえた電波が干渉するのかと、感覚的には驚きでした。後にこのＶＬＢＩの手法を拡張して研究生活を送ることになろうとは思いませんでした。

ＶＬＢＩ（Very Long Baseline Interferometry 超長基線干渉計）は１９６７年にカナダ、アメリカ、イギリスで成功した電波干渉観測法です。これは、遠く離れたアンテナ同士の信号をケーブルで結ばずに干渉計を構成するものです。

各局の受信系を原子発振器を基準にすること、時間を合わせること、また観測信号を波の情報を失わないまま磁気テープに記録し、のちに同時に再生して突き合わせることで実現できます。こうするとアンテナの間の距離はどんなに離してもよいことになります。地球の大きさの電波干渉計を実現して桁違いの解像度をもたらすこともできる、画期的な観測方法となります。この方法はロシアの電波天文学者マトベイェンコらによって考え出されたものです。そ

写真10：ボブ・ベソット博士から水素メーザー発振器を受け取る

して、それが実際に観測実験で証明されたのです。世界の3グループが競争でおこなったほど、電波天文学者がそれだけこの方法に期待していたということです。

野辺山でVLBI

野辺山の45m電波望遠鏡の完成に先立ち、VLBI観測の準備を行ないました。野辺山の電波望遠鏡はミリ波で世界一の性能を誇っていました。そのミリ波での圧倒的な集光力を活かしたミリ波VLBIで、世界に大きな貢献ができると考えたのです。同じ地球くらいの大きさの干渉計であっても、観測する電波の波長が短くなると、それだけ解像度がよくなるからです。野辺山では星の形成や分子線の観測が主流でしたが、私はむしろ新しい観測法に心が惹かれていました。

そのため、45m電波望遠鏡が完成する前後からアメリカに出かけて、VLBI観測に必要な装置の準備をしました。水素メーザー発振器とVLBI記録装置です。

水素メーザー発振器は、アメリカのマサチューセッツ州ケンブリッジのハーバード・スミソニアン天文台のボブ・ベソット博士が世界一の性能のものをつくっていることから、ここに製造を依頼しました。何度か確認に出かけました（写真10）。またＶＬＢＩ記録装置は、受信した電波をもとに、しっかりと規格に基づいた信号にして磁気テープに記録をするものです。

装置がそろい始めると、森本、井上、宮地、御子柴、岩下、神沢さんたちとチームを作って実験を始めてがんばりました。ＶＬＢＩ観測に必要な性能をもたなければなりません。電波望遠鏡の受信機は、受信した信号を増幅して、周波数をかえて電気信号に変えていきます。この回路が不安定であってはなりません。そのため、徹底的なチェックを続けました。これは次第に成功を納めていきました。

初めてのＶＬＢＩ実験は野辺山とアメリカ、マサチューセッツ州のマサチューセッツ工科大学（ＭＩＴ）ヘイシュタック電波天文台との間で行われました。時刻は１００万分の1秒ぐらいまで合わせる必要があります。これをチェックします。観測する周波数はきちんと合っているか、これのチェックも大事です。どこかに間違いがないか……心もとない気分です。

こうして観測波長が１・３㎝の初実験が行われました。年を越えて正月に入って、ヘイシュタック電波天文台から、実験が成功したと連絡が入りました。森本さんが喜びながら、「まさか一度で成功するとは思わなかったよ」といいました。

そのさきは観測波長を短くして、７㎜、それからさらに３㎜の実験が大事です。野辺山が世界の中で本領を発揮できる波長だからです。そこで、アメリカ、ヨーロッパ局との間で実験がなんども行われて、波長７㎜（１９８６年）、３㎜（１９８８年）でそれぞれ世界初の地球規模のＶＬＢＩ観測が成功しました。
この後は世界のミリ波参加局による観測が続けられました。

コラム　アンテナの雪落とし

ＶＬＢＩ観測に先立っては、電波望遠鏡の受信機の辺りを徹底的にチェックします。そして、ヨーロッパと北米と野辺山の電波望遠鏡はスケジュールにしたがって共通の天体に向けて追尾を開始します。そしてデータを磁気テープに記録します。地球が回転していき、あらたに開始する局も、観測を終える局もあります。電波望遠鏡が不具合で参加できなくなるときもありますが、それは仕方がありません。

あるとき、実験開始が近づいても45ｍ電波望遠鏡に張りついた雪が解けないで残ってしまったことがありました。私たちはアンテナの上に登って雪を集めて袋に詰めて転げ落としたのです。こんな危険を冒したのは、野辺山の歴史でも１回だけでした。その様子を漫画に描いて世界の関係局に送りました。この漫画は、後にドイツのThomas Chrichbaumの博士論文の第１ページを飾ったものです（42ページ）。あとで送られてきた博士論文を見て、苦笑いをしました。「まじめなドイツ人もやるもんだな」と思いました。

Abbildung .1: Vorbildlicher Einsatz in Nobeyama. Schnee, der während einer 7mm-VLBI Beobachtungskampagne 1989 in den Reflektor der 45m-Antenne in Nobeyama fiel (I), wurde während der Beobachtung innerhalb von 2 Stunden aus der Antenne per Hand entfernt. Dazu begaben sich wagemutige japanische Kollegen ("brave gentlemen") in die Antenne (II), kehrten den Schnee in Plastiksäcke und schütteten diese dann durch Teleskopneigung (III) aus. Die Beobachtung konnte erfolgreich fortgesetzt werden. Cartoon nach einem Vorschlag von B. Rönnäng (Onsala) von H. Hirabayashi (Nobeyama) gezeichnet.

漫画：45m 電波望遠鏡　雪落しのマンガ（クリヒバウムの博士論文より）

宇宙の大きな謎

★電波望遠鏡が見つけた電波銀河

ここで、星と銀河とブラックホールの話をしましょう。

電波干渉計の開発とともに電波望遠鏡の解像度があがっていくと、電波源の多くが銀河の位置と一致していることがわかってきました。こうして、銀河系外の銀河からの電波が脚光を浴びます。その中には特別に電波の強い銀河があり、「電波銀河」と呼ばれました。電波銀河の正体を明かしていく必要から、電波望遠鏡はどんどん性能をあげて進化していきました。

そうして電波望遠鏡の解像度があがると、こういう電波源は1点でなくて2点で光っていることがわかりました。この2点の距離は何万光年も、ときには１００万光年もありました。私たちはこう見えるものを「二つ目玉」と呼んだものです。外国では「二つの耳たぶ」といういい方をしていました。そしてさらに二つ目玉の真ん中が銀河の中心に一致することがわかったのです。それではどうして二つ目玉の部分から電波が出ているのでしょう。さらに電波望遠鏡の性能がよくなると、二つ目玉と見

図7：電波の宇宙と地上の電波天文台の組み合わせ図。電波の宇宙で輝いているのは、たくさんの活動銀河核であり、ここには超巨大ブラックホールがひそんでいると考えられる

えたものは中心から反対側の両方に伸びる形をしていました。でもそれは中心から飛び出しているに違いない、こう思って、解像度をあげて観測で追い詰めていくと、中心からふきだす鋭い「ジェット」状の姿が見えてきました（口絵2）。目玉であれ、耳たぶであれ、だいじなのは真ん中のところだろう。こうして電波源の謎と競争するように、電波望遠鏡もさらに性能をあげていきました。

電波天文で開発されたＶＬＢＩの観測の高解像度で、ジェットが観測されるようになりました。銀河の中心からの鋭いジェットは反対の2方向に発射されていました。時間をおいて観測をしてみると、そのジェットの形の変化、動きが見えてきました。その根元では、ジェットはいくつかの電波成分でできていて一列に飛び出しているのがわかるようになりました。さらにおどろいたことに、そのようなジェットの成分は、外にむかって光よりも速く飛び出しているように見えたのです。これはアインシュタインの特殊相対性理論がいう、「何ものも光より速くは走れない」と

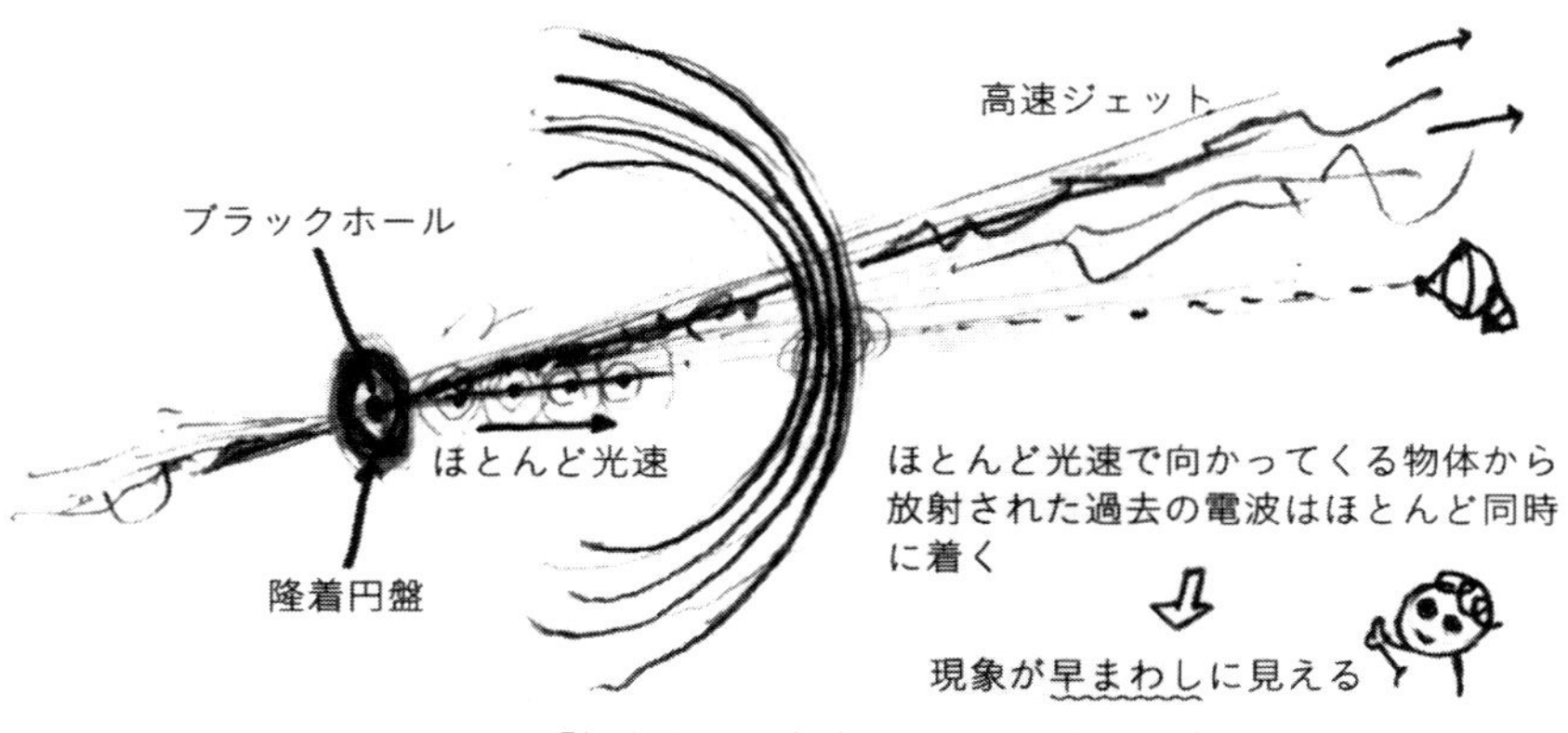

図8：「超高速」運動が見えるわけ（筆者画）

いう原理に反すると思われ、何年も解けない謎となりました。

その謎解きはこうです。銀河の中心核から飛び出してくるものが電波を出しながら私たち観測者の側にむかって走ってきたとしましょう。このとき、飛び出してくるものが光の速さに近いとしましょう。銀河の中心核は、先に出した光の後のすぐ後から追いかけるように電波を出します。すると、前方にいる観測者は、発射された電波がまとまって集中したものを受けることになります。つまり、過去を狭い時間で見ること、すなわち時間が縮まったようになりますから、周波数は高く、電波は集中して強くなるのです。見た目に横向き方向に動いた距離も短い時間で見るので、光よりも早いかのように見えてしまいます。

これで、長年の謎は解決しました。ただし、ものは光に近い速さで私たちのほうに走っているという条件つきです。これだと特殊相対性理論には反しないのです。逆に、向こう側にも飛び出しているものもあるでしょう。それは逆に、周波数が低めになり、暗くなり、動きは遅く見えます。あるいは見えなくなります。すると、ジェットは両方向にあるのですが、観測では、手前側のジェットだけが強くしっかり観測されるのです。この光速より速く見える現象を「超高速運動」、またこうしてジェットが明るく見えることを「ドップラー・ビーミング」といいます。このもとになる物理が「相対論的ドップラー効果」というものです。

それでは、どうやって中心から光速に近いものを放出するのでしょう。そうして銀河を突き抜けて、何万光年ものびるジェットを噴出することなどどうしてできるのでしょう。謎はつきません。本当に凄いことではありませんか。

★クエーサーの発見

こういう電波源と位置が一致する電波銀河は怪しげな姿をしていました。たとえば、南天の強力な電波源「ケンタウルスＡ」はＮＧＣ５１２８という銀河に一致します。

ジェットのエネルギー源として、重力エネルギー、核融合エネルギーなどといろいろ取りざたされましたが、物質と反物質が対消滅しているのだという話までありました。スペクトルのずれは、宇宙膨張のせいではなく、その天体自身のことだと考えられたこともありました。一般相対性理論では、強い重力のあるところでは光が赤いほうにずれて見える効果があるのです。超重力の星があるのか、それもなかなかむずかしいと考えられました。こんな輝きは、たくさんの星が密集しているからだと考えても、やはり無理があります。

なかには、とても小さく、しかし強い電波を出しているものもありました。これがとうとう、星のように見える光の天体の位置と一致することがわかりました。光の情報と電波の情報が加わったら、謎の解明への大きな前進が期待されます。

　そこでこの星のように見える天体の光のスペクトルを測ってみると、そのスペクトルがとても大きく赤い方にずれていた（天文学者はこれを「赤方変位」といいます）のです。１９６３年のアメリカのカリフォルニア工科大学のマルテン・シュミットの大発見でした。これが宇宙膨張による赤方変位だとすると、距離は何十億光年も遠くだということになります。そんな遠くから光が届くとするとつもない明るさの天体だということになります。その大きさは数光年～数十光年以下であるにもかかわらず、その明るさは太陽の明るさの10億～数兆倍にも達します。数兆倍なら、銀河全体よりさらに10倍も明るいのです。

　そんな天体がどうしてあるのか。なかなか考えることができません。そこで、このような天体は、「星のようなもの」というような意味で、「恒星状天体ＱＳＯ」、「準星」などと呼ばれましたが、今では「クェーサー（quasar）」で落ちつきました。いろいろな名前で呼ばれたことは、その謎の大きさでもあるのです。

　このようなミステリーの中から、実はいくつかの電波銀河といくつかのクェーサーに共通性が見出されてきたのです。そしてクェーサーは、特に活動の激しい銀河の中心核で起こっていることだと考えられてきたのです。「クェーサー」は、数億光年、数十億光年という遠さのためにその銀河は観測ができず、明るく輝く中心核だけが星のように見えていたのです。すなわち、クェーサーも電波銀河も同じ現象の違うところを見ているのだと考えられるのです。そして銀河の中心のこのようなものを、「活動銀河核」と呼ぶようになりました。

活動銀河核は宇宙の中でも最も激しい現象であり、電波から可視光、X線、ガンマ線までのあらゆる波長の電磁波を放射します。激しい明るさの変化や、「ジェット」といった非常に高エネルギーな現象など、その激しさを示す現象はすさまじいものです。

一方、干渉計型の電波望遠鏡はだいたい数十kmのひろがりになって、どんどん解像度をあげていきました。アンテナをつなぐケーブルのかわりにマイクロ波中継で結んだり、そして、もっとすごい超電波望遠鏡、VLBIの登場です（38ページ参照）。

銀河を突き抜けて壮大に輝く姿が次第に明らかになり、クェーサーの謎、その後の銀河の中心核現象の解明に肉迫していくのです。さらに、クェーサーや活動銀河核の正体は銀河の中心の超巨大なブラックホール周辺の輝きだという考えがだんだん真実味をおびてきました。

★銀河の中心核のブラックホール

20世紀末からは、銀河の中心に、太陽の何百万、何千万倍もの質量のブラックホールがあるだろうということが考えられてきました。そして、ハッブル宇宙望遠鏡は、M87という銀河の中心のガスの運動のドップラー効果を観測することができたのです。これは、中心に太陽の30億倍の質量が集中し

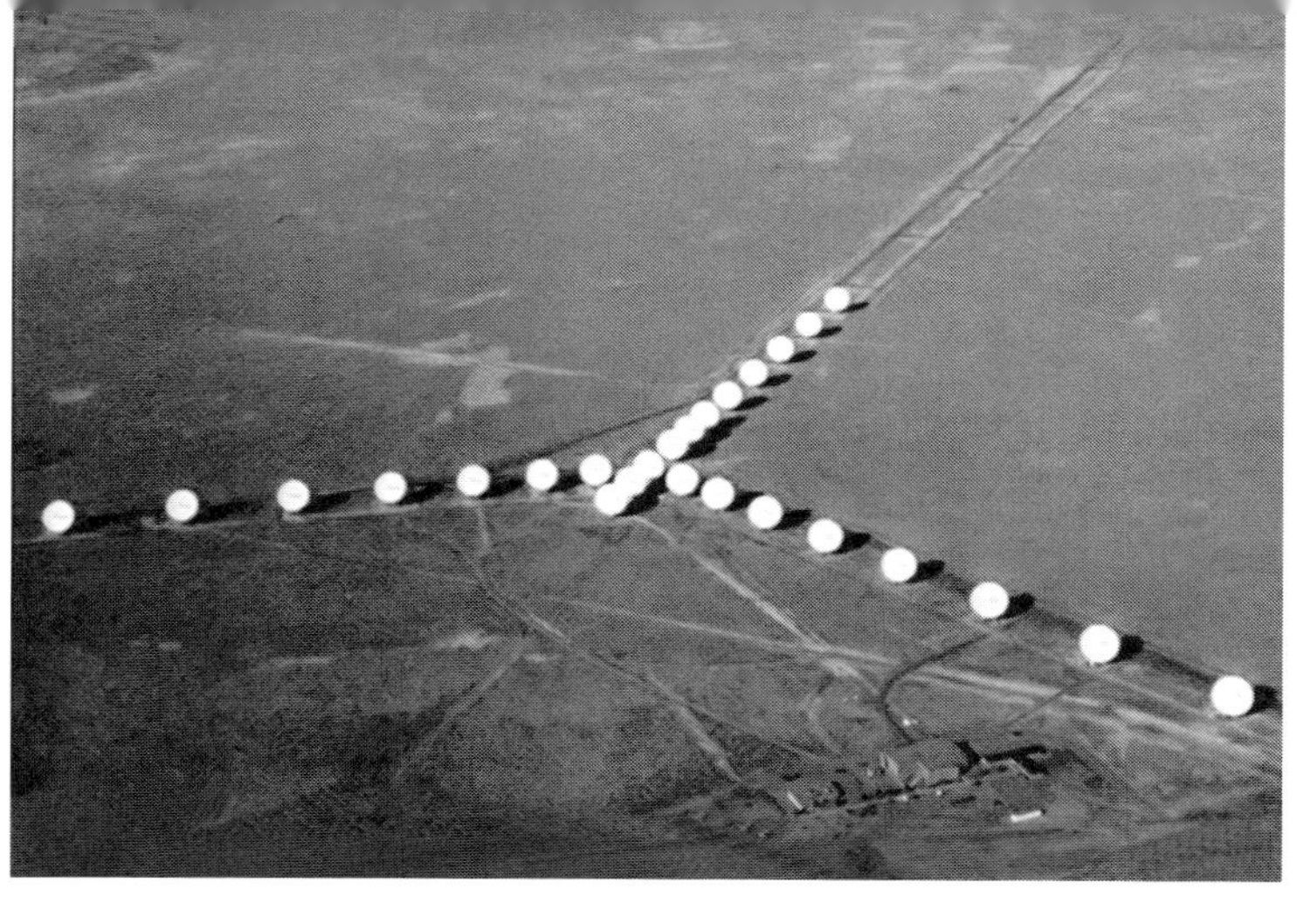

写真11：27基の25ｍアンテナが合成する最大直径40㎞相当の超合成望遠鏡VLA（Very Large Array　アメリカ国立電波天文台）

ているとすると、ガスの回転運動をきれいに説明できるのです。こうして、これは超巨大ブラックホールだと考えられました。超巨大ブラックホールに流れこむ物質の重力エネルギーが変換（へんかん）されて、強力なジェットが噴出するのだと理解されるのです。水力発電が、落下する水の重力エネルギーを、発電機を回すことに変換させて、電気エネルギーをとりだすのと似ています。ものがブラックホールのごく近くまで落ちてくると、質量エネルギーに近いエネルギーを持つのです。

こうして、激しくエネルギーの高いジェット現象の源（みなもと）は中心の超巨大ブラックホールのせいだというおどろくべき展開（てんかい）となりました。電波天文学がその始めから追い求めてきた電波銀河や、何十億光年もの距離でするどく輝く天体クェーサーなどは、銀河核にある超巨大なブラックホールがおこしている現象だということがわかってきたのです。しかもほとんどすべての銀河の中心に、こういう超巨大なブラックホールがあることがわかってきたのです。

さらに、そのブラックホールの重さは、銀河の中心部分を楕円（だえん）状（じょう）に囲むバルジといわれる部分の重さの、だいたい１０００分の

1くらいだということがわかってきました。銀河のバルジとブラックホールにどうしてこんな関係があるのでしょう。なぜ銀河の中心にあるのでしょう。銀河ができることとかかわっているのでしょうね。今では宇宙が始まって10億年もたたないうちに太陽の10億倍の重さのブラックホールができていたことがわかっています。どうしてできたのか、とても大きな天文学上の謎ではありませんか。

　とくに活動が激しいわけでもない私たちの天の川銀河にも、その中心にはやはり超巨大なブラックホールらしいものがあることがわかっています。私たちの銀河系は、太陽の２０００億倍ほどの質量があります。太陽系から銀河の中心までは2万５０００光年の距離ですが、ここを近赤外線で見通すと高速で楕円軌道を回っている星がいくつも見えます。この星のひとつひとつの楕円軌道の焦点が一点に一致しています。高速で回る星をつなぎとめるためにはここに重い天体がなければならないのですが、これが見えません。でもこの一点にあるはずの質量を計算することができて、太陽の２４０万倍ということがわかります。ここからは強い電波も出ていて、電波天文の呼び方からこの天体は射手座Aスター（Sgr A*）と呼ばれています。これが見かけが小さい天体なので、電波天文おとくいのＶＬＢＩ観測をしてみると、やはり中心にほとんど点としか見えない天体があるのです。そして電波の強さを観測していると、ときどき変化したり、短時間の爆発現象（フレア）を起こすのです。このような天体としては、ブラックホールしか考えることができないということになっています。

　そんなブラックホールの周辺で起こる不思議なジェット現象などをどうやったら観測できるでしょう。それには、ものすごい解像度の望遠鏡が必要です。それがＶＬＢＩをさらに拡張した夢のよう

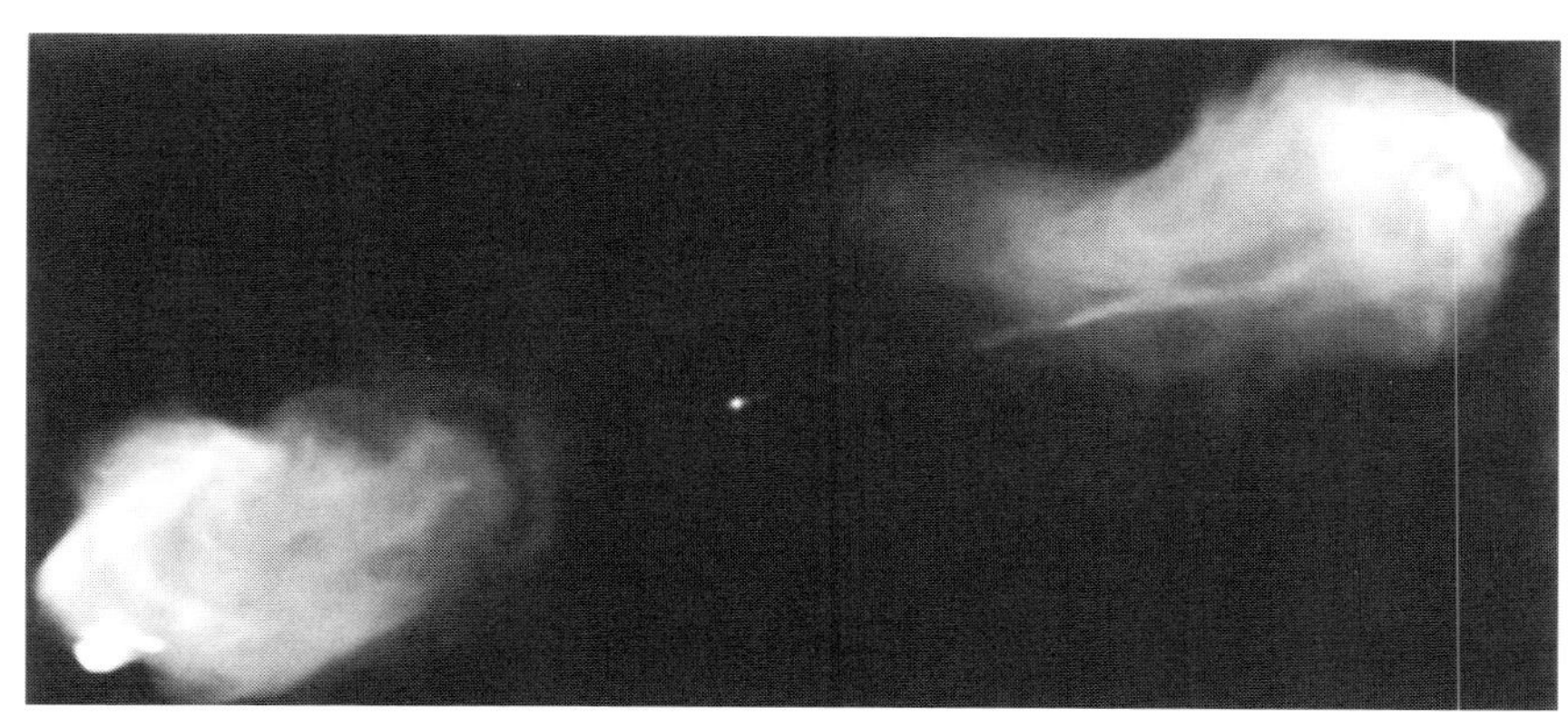

写真12：激しいジェットをふきだす電波源、白鳥座A（VLA/NRAOによる）。中心は、小さく淡い銀河の中心に一致している

な電波望遠鏡で、この本のテーマなのです。

★星のブラックホールが見つかる

ここで、ブラックホールの基本的な話をしておきましょう。

万有引力の法則はものが近づけば近づくほど、距離の逆2乗で強くなると知られています。ある質量の天体を考えると、それに近づけば近づくほど引力がどんどん強くなります。止まっていると簡単に引きずられて落ちこんでしまいます。この天体のまわりを高速で回っていれば人工衛星のように落ちずにいられるのですが、とても近いところを回っている場合には、光の速さで回ったとしても落ちてしまうはずです。これはイギリスの天文学者ミッチェルやフランスの数学者ラプラースによって考えられたことです。

（ここまでは古典的な力学で考えていますが、お許しください。〈注「質量」について：この本ではいろいろなところで、「重さ」のことを「質量」と書き表しますが、あまり気にしないでください。質量とは、ものにそなわった量です。たとえば宇宙に浮いているものには重さがないようだけれ

ど、そこには質量というものはちゃんとあるのです。この本では質量といっても重さといっても同じだと思ってください。〉）

ここでわかったことは、ある天体を考えたときに、その非常に近いところからは光でも脱出することができなくなりそうということです。ところが速度は光速をこえることはできないということが特殊相対性理論で知られています（ここの話は大学で物理学を学ぶと理解できるレベルですから、大体わかったつもりで結構です）。

光でも脱出できないこのギリギリの距離を「シュバルツシルト半径」と呼び、これはその天体の質量に比例します。この問題をちゃんと考えるときは一般相対性理論を使わなければいけないのですが、その問題をちゃんと解いたのが、第一次世界大戦でロシア戦線にいたドイツ軍砲兵技術将校のシュバルツシルトだったのです。こうして得られるシュバルツシルト半径はとてつもなく小さな距離です。太陽の重さ、2×10^{33}gの場合のシュバルツシルト半径は約3㎞です。もし地球だと9㎜です。これはビー玉よりちょっと大きいでしょうか。太陽も地球もこのような小ささに縮めることはできないので、ブラックホールがいかに特殊なものかおわかりいただけるでしょう。そしてブラックホールはこのような狭い中に閉じこもって、近くに来たものに一風変わった強い重力作用をおよぼすのです。

ブラックホールとしては、さまざまな質量のものを「考える」ことができます。でも、頭で考えるのと実際に宇宙にあるかどうかは別問題です。実際に宇宙にあると考えられ、最初に見つかり始めたものは、重い星の最後にできるブラックホールでした。これは、重い星が核融合反応を続けていって鉄ができる時期につぶれてしまう力で、自分を押し潰してできてしまうのです。星のブラックホールを作るのがむずかしいのは、その程度の重さだと、ブラックホールの大きさが数km、これで密度を計算すると、原子核の密度より大きくなるのです。すなわち、原子核もつぶれなければブラックホールにはなれないのです。ところが、原子核はもの凄い力でその形を保っていますから、それをつぶすのに、星のつぶれる際の劇的な大重力を利用しなければできません。このために、ブラックホールができるためには超新星爆発が必要、それも太陽の30倍以上の大質量の星の激しくつぶれる力を利用しないといけないのです。

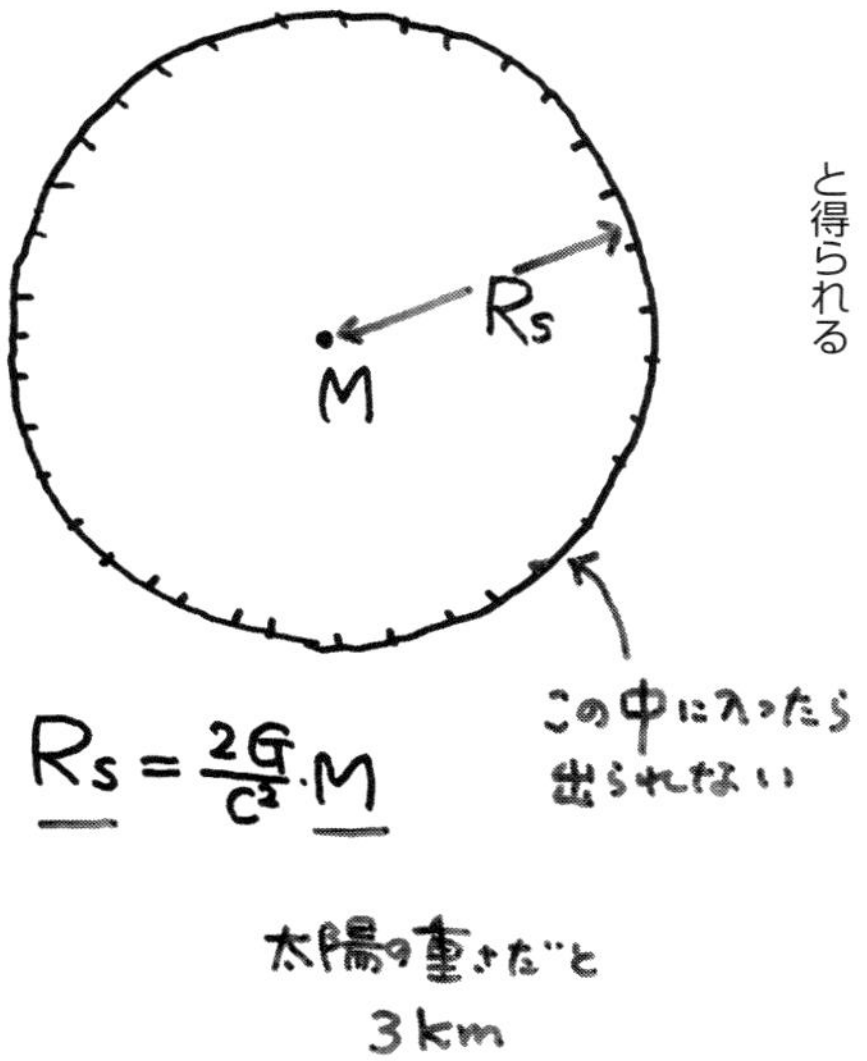

ブラックホールの候補とされる天体は、はじめX線によって見出されました。ブラックホールに吸い寄せられるガスが、シュバルツシルト半径の外側の狭い領域に落ちこんで円盤の渦となって激しくぶつかりあって高温で輝くのが見えたからです。この落ちこむガスは、ブラックホールと連星になって（お互いに引き合ってまわって）いる星の周りからのものです。X線がもとで見つかった白鳥座X－1（Cyg X-1）という天体は、見つかったブラックホールの最初の例で、質量は太陽の10倍ほどと推定されています。相手の星は太陽の30倍ほどの重さで大きく膨らんだ星です。

図9：ブラックホール。シュバルツシルト半径（Rs）は、天体の質量（M）に万有引力定数（G）をかけて、光速（C）の2乗で割り算して2倍すると得られる

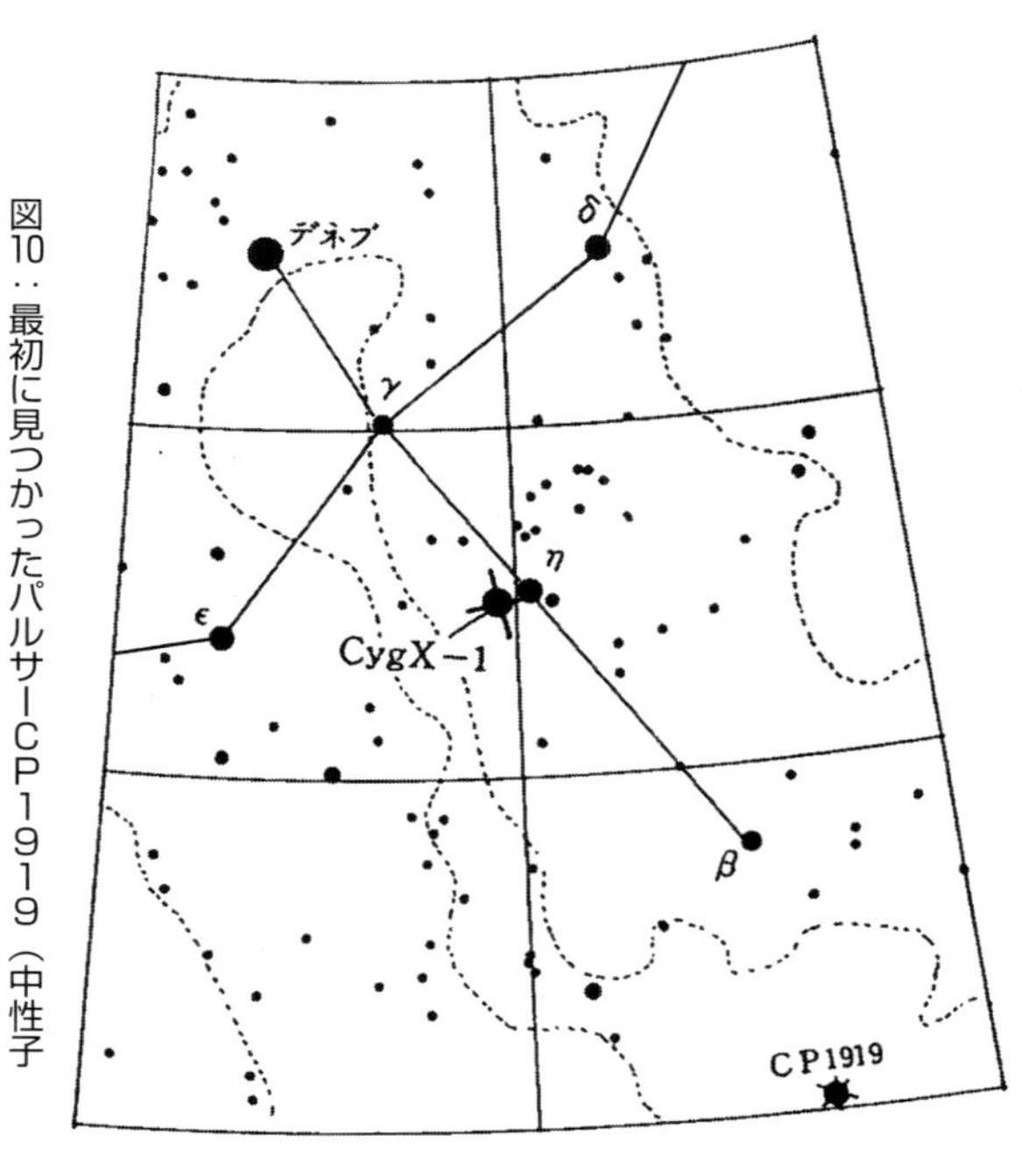

図10：最初に見つかったパルサーCP1919（中性子星）とブラックホールCygX−1の位置

ブラックホールが宇宙にそれだけで存在するだけでは、吸いこむものがないのでブラックホールはそのままで、ブラックホールのあることはわかりません。

こうして、銀河系の中にもマゼラン星雲の中にもと、ブラックホール星の候補がいくつも見つかりました。どれも質量は太陽の10倍前後です。日本の宇宙科学研究所を中心としたX線天文学グループはこの方面の研究をリードしてきました。夏から秋に頭上を通過する白鳥座とこぎつね座は隣同士です。初めて見つかったブラックホール（Cyg X−1）は白鳥座に、初めて見つかった中性子星（CP1919 パルサーとして見つかりました）がこぎつね座に、初めて見つかった連星パルサー（PSR B1913+16）が矢座にと。だいたい同じ方向に見上げられるのはおもしろいことです。

重い星の終わりにブラックホールができることはわかりましたが、銀河の中心に見つかる超巨大なブラックホールがどうしてできるのかはわかっていません。これから解くべき大きな謎なのです。これについては後でまたふれましょう。

地球より大きな電波望遠鏡つくり

★それはハレー彗星から始まった

１９８４年秋、野辺山から北、北八ケ岳の東の麓に直径64ｍのアンテナができあがりました。１９８６年に76年ぶりにやってくるハレー彗星にむけた宇宙科学研究所の探査機「さきがけ」と「すいせい」との通信を行うのが最初の仕事でした。「さきがけ」も「すいせい」も地球の周りの軌道から離れて、惑星間軌道にむかう初めての探査機でした。そのため、宇宙科学研究所は新しいロケットＭ３－Ｓ－Ⅱの開発をしたのです。そして探査機「さきがけ」と「すいせい」は無事に打ち上げられ、探査機はハレー彗星と遭遇しました。

宇宙科学研究所では独自開発の固体燃料ロケットを持ち、宇宙の研究を進めていました。ここはふつうは「宇宙研」と呼ばれます。野辺山宇宙電波観測所と臼田深宇宙探査地上局（正式名・臼田宇宙空間観測所）の間は、車で１時間ほどで走れます。標高１３５０ｍほどの野辺山から千曲川に沿って北に下り、また林道をあがって標高１４５０ｍほどの臼田のアンテナに着きます。直線距離では10㎞

ほどの近さでしょうか。どちらも南北に伸びる八ヶ岳連峰の東側の麓にあります。

このころ、剣道を稽古する子どもたちや師範の先生たちと東京の奥多摩の山の中でハレー彗星を観たことがあります（剣道は私の趣味です）。春はカタクリが嶺に咲く御前山の端から、微かなハレー彗星が望遠鏡の視野に現れてきました。こんな歌を詠みました。

微かなる 微かなる光の 極まりて 山の端ちいさき ハレーを生みだす

1980年代には、VLBIの解像度をさらにあげるために、宇宙にアンテナを打ち上げて地上アンテナとVLBIを行う、「スペースVLBI」が世界的に論じられるようになりました。この壮大な考えとむずかしさとが、多くの人を惹きつけました。

私もこの考えがとても魅力的だと思っていました。観測の要求から、地球より大きな電波望遠鏡が必要だということもわかりはじめていました。電波天文衛星を打ち上げて電子電波技術をとことん使えばなんとかなりそうなのです。いろいろな機会にこの話をしてみました。しかし言い出している自分も、いったいどうやって実現したらいいのか、見当がつきませんでした。

このあたりで、みんなを動かし、スペースVLBIの実現に向けてたいへん重要な役割をされた小田稔先生の思い出話があります。

「地球規模のＶＬＢＩにまで発展して関係者のだれもがすぐ考える事としてアンテナの一つを軌道にのせたスペースＶＬＢＩが出来ないかということがあります。１９８３年に宇宙研に天文台の電波天文学者たち、野村民也さん以下宇宙研の工学の面々、電波屋さんたちが集まりました。私が『スペースＶＬＢＩという考えは荒唐無稽なのかどうか議論してみよう、これが笑い話に終わるようだったら、この会合は1回だけにしよう』といったことを覚えています。ところが、笑い話ではなく『1〜2ｍ直径のパラボラでもよいから軌道上に上げられたら、電波天文屋としては面白いと思う』という話になって、この会合は何度も続けられることになりました」

ふつうは、むずかしいからやめようかと考えるものです。でも私たちは、「むずかしいから面白い」、「むずかしいからやってみよう」と考えていました。それが宇宙研と野辺山グループのいいところでした。すでにお話ししたように、小田先生は研究生活を電波天文学から始めました。それから宇宙線物理学、さらにアメリカでＸ線天文学に進まれ、このころはすでに日本のＸ線天文学のリーダーとしても宇宙科学研究所の所長としても大事な役割をしておられたのです。

１９８６年にやってきたハレー彗星にむかって、世界が注目して探査機を送りました。ヨーロッパは「ジオット」、日本は「さきがけ」、「すいせい」、ソ連は「ヴェガ1」、「ヴェガ2」、そしてアメリカはＩＳＥＥ衛星の軌道を変えて接近させました。全部で6機、まさに「国際ハレー船団」といっていいほどでした。そこで世界が宇宙の科学計画で大きく協力することによっていい成果をあげようということになりました。世界はハレー彗星とともに燃えていたのです。

こうして、１９８６年、イタリアのパドヴァで、ＥＳＡ（ヨーロッパ宇宙機構）、ＮＡＳＡ（アメリカ）、日本の宇宙科学研究所、ソ連インターコスモスが、四大宇宙科学機関会議（ＩＡＣＧ）を開くことになりました。ＩＡＣＧでは具体的な協力として、「惑星系探査」、「天文研究」、「電波天文学」を3大テーマとして選びました。ここで「電波天文学」とは「スペースＶＬＢＩ」ということです。そして、この三つの作業部会を作って初会合を開いたのです。そのときの宇宙科学研究所の代表団の一員として野辺山の私も参加することになりました。

パドヴァはヨーロッパでも古い町です。そしてパドヴァ大学は世界で最も古い大学の一つで、ガリレオも先生をしていたことがあります。町の教会には画家のジオットの宗教画があって、その中にハレー彗星が描かれています。宇宙科学研究所の的川泰宣さんとこれを観にいきました。的川さんは2歳上の先輩で、この頃以来、ほんとに長いお付き合いをいただいています。

このとき、興味を持った世界の電波天文学者たちもパドヴァでの作業部会に参加するためにやってきました。この中でも3人の大切な電波天文学者と仲良しになりました。Preston（プレストン、アメリカ）、Jauncey（ジョンシー、オーストラリア）、Schilizzi（スキリッチ、オランダ）です。そしてある半日、一緒に近くのベニスにでかけました。私たちは運河をこえて歩き、サンマルコ広場ではたくさんの鳩の歓迎を受けました。それから30年も深い研究上のつながりと親しいつきあいがずっと続いています。

さらに、素晴らしいおまけもつきました。世界のIACG代表団は、伝え聞いたローマ法王ヨハネ・パウロ6世にバチカンに招待されたのです。私たち代表団はパドヴァからバチカンのあるローマまで特急列車ラピードで移動しました。ところがなんだか電車は途中で停まったり動いたり……。どうしたのでしょう。「ラピード（特急）って聞いたけど、アレグロ・マ・ノン・トロッポ（快速に、しかし、はなはだしくなく）だなぁ」と、学校で習ったイタリア語の音楽用語を使ったものでした。

法王は科学に深い興味を示されました。バチカン宮殿では法王の長いスピーチがありました。会見の後、法王は私たち一人ひとりと握手を交わして祝福してくれました（法王は360年も前に罪に問われたガリレオに、1983年に謝罪するという決断もしました）。

写真 13：法王と小田先生（中央）、林先生（左はし）と筆者

★通信衛星を使った実験

1986年1月28日に悲劇が起こりました。スペースシャトルのチャレンジャー号が打ち上げから73秒後に、燃料タンクに引火して大爆発を起こしてしまいました。7人の宇宙飛行士は全員死亡という大惨事でした。この原因追及のため、スペースシャトルはそれから32カ月間も、飛行が中止となってしまいました。

この打ち上げでは、スペースシャトルは中継用のＴＤＲＳ衛星２号機を宇宙に運ぼうとしていたのです。静止軌道上の３点にＴＤＲＳ衛星をおけば、宇宙と地球をいつでもうまく通信で結ぶことができます。そういう計画のもとに、２つ目の中継衛星を打ち上げようとして失敗したのです。そこで、ＴＤＲＳ衛星の１号機は、宇宙で待たされることになってしまいました。

このとき、ＮＡＳＡのＪＰＬ（ジェット推進研究所）の電波天文学者のジェリー・レヴィさんが、ＴＤＲＳ衛星１号機の優れた通信能力をうまく使いこなせば、スペースＶＬＢＩの実験ができることに気づいていました。ＴＤＲＳ衛星には直径８ｍのアンテナが２台装備されています。またそれ以外にもいろいろな通信機能がありました。

この通信衛星はニューメキシコ州のホワイトサンド局のアンテナと交信してつながっています。ここに発振器を運びこみこの信号を衛星に送り、衛星の回路をうまくつなぎかえて、８ｍアンテナを電波天文アンテナとみなして受信し、必要な信号を下に伝送でおろして記録すればいいのです。わくわくしますが、さて思い通りにいくのでしょうか。

１９８６年、私たちはＮＡＳＡのＪＰＬの研究者と一緒に、地球よりも大きな電波望遠鏡つくりの実験を始めることになりました。こうして、私は次第に宇宙科学研究所の皆さんとの接触が多くなっていきました。そして、宇宙科学研究所の客員助教授も併任して、臼田での64ｍアンテナをつかってのスペースＶＬＢＩ実験への道を歩み始めていました。

日本とオーストラリアのアンテナがＴＤＲＳ衛星と干渉計を合成することになりました。日本では臼田の64ｍアンテナを使いました。私たちは野辺山の装置をもちこんで臼田に装着して、宇宙科学研究所の皆さんとの共同チームで、実験準備をすすめました。オーストラリアではキャンベラにあるＮＡＳＡの追跡局の64ｍアンテナが使われました。幸運なことに実験は成功の道をすすみました。レヴィさんは背が高く、ふらりと立って見下ろす姿が特徴的で、ときどきニコリと人なつこい笑みをする人です。スペースＶＬＢＩ実験は何度も行われました。データを記録した磁気テープは国際宅急便でアメリカのマサチューセッツ州のヘイシュタック電波天文台に送られました。そこで、ＴＤＲＳ衛星から送られてホワイトサンドで記録されたテープ、日本とオーストラリアからのテープの３本が突き合わされて解析されたのです。結果はレヴィさんの思ったようにうまく働きました。実験のたびにレヴィさんと電話で確認しあいました。「世界最大の電波干渉計ができたんだからギネスブックに載せましょうよ」というと、すぐに「やりましょう」（I will do it.）といってくれました。何回かの実験を通じて、レヴィさんの前向きの“I will do it.”を何度も聴くことができました。

それは電波天文学の新しい歴史を拓く実験でした。スペースＶＬＢＩが可能だということがこうして実証されたのです（口絵６）。

★宇宙空間を電波望遠鏡にする

１９８８年になると、更にむずかしいスペースＶＬＢＩ実験に挑むことになりました。もっと波長が短くてずっとむずかしい実験に挑んだのです。観測波長が短いと、解像度はそれだけよくなるのです。しかし、受信機回路の問題、大気の問題、アンテナの精度の問題などが重なって実験はとてもむずかしくなります。そこで、45mアンテナが主力で短波長を、64mアンテナがいままでの長い波長でサポート、TDRS衛星では長短の波長を同時に受信しての実験という構成で臨みました。幸いなことに、この実験も成功して、私たちは喜びあいました。歴史の扉をさらに大きくあけたと感じたからです。

この実験の初日をよく覚えています。何度か失敗した後の、私の剣道四段の昇段試験がこの日に東京で行われて合格したのです。自分がどのように立会ったのか、それだけの出来だったのか自信がなく、内容をよく覚えていません。それから東京からの道を車で野辺山に向かい、2月の雪道をあがって、そのまま夜の実験に入りました。この実験のために必要な大事な受信機をマサチューセッツ工科大学の電波天文グループが製作してくれました。これも45m電波望遠鏡にうまく装着されてしっかりうごきました。

このTDRS実験では、宇宙でのVLBIが実現できることを示しただけではありません。観測すべき謎の電波天体があることもはっきりと見えてきたのです。観測すべき謎の天体があり、その観測がむずかしいことであると、電波望遠鏡は研究者の努力によって開発されて進化します。

NASAは、この日米豪による一連の歴史的実験にたいして、私たち国際チームに「1988年度NASAグループ賞」を出してくれました。

コラム　超新星ＳＮ１９８７Ａ

宇宙科学研究所の臼田の64ｍアンテナをお借りして、パルサーの観測実験をしていたころのことです。１９８７年２月23日、19万光年離れた隣の銀河、大マゼラン星雲に超新星（ＳＮ１９８７Ａ）が現れました。私たちの天の川銀河ではもう３００年ほども超新星の出現がありませんでした。超新星とは太陽よりもっともっと重い星が一世一代の大爆発をして吹き飛ぶことです。宇宙の真空中を超新星の爆発音が伝わってくることはありません。しかし、なんというひたむきな星の爆発でしょう。人の想いになぞらえて短歌を作ってみました。

星の世の 想いの殻を 吹きとばし 今終末の マゼランの星

この歌はハレー彗星のときと同じ『朝日新聞』の「朝日歌壇」という欄に載せてもらえました。この超新星の爆発からの11発のニュートリノを神岡のカミオカンデ検出器が午後４時35分35秒から捕らえました。小柴昌俊先生たちの研究は２００２年のノーベル物理学賞につながりました。この爆発は星の中心に中性子星をうみだしたのです。

岐阜県の神岡鉱山跡に宇宙線研究所の検出器カミオカンデができたのは１９８３年です。１９８２年野辺山、１９８３年カミオカンデ、１９８４年臼田と、日本の実験観測グループが同じ頃に中部地方に始まっていたのです。カミオカンデは宇宙線研究所に属しますが、野辺山の南の明野村にはこの研究所のアガサ（ＡＧＡＳＡ）という宇宙線観測施設ができて、１９９１年から観測を始めました。想像を絶するほどの最高エネルギー宇宙線を予想より多く観測したことで世界的におおきな話題となりました。

１９８８年の夏、東京天文台は東京大学を離れて、共同利用の研究所「国立天文台」として新しいスタートを切りました。そしてあとで話しますが、この年の12月に私は国立天文台を離れて宇宙科学研究所に移りました。

私の研究生活の中で、１９８６年から88年までの３年間はいろいろなことが起こった、とても懐かしい頃です。１９８６年のハレー彗星は76年ぶりに軌道を一周して現れました。１９８７年の大マゼラン星雲で起こった超新星は、私たちの銀河の最近の超新星から３００年も経っていました。

天文現象ではありませんが、１９８６年１月に起こったスペースシャトルの「チャレンジャー号」の爆発、さらに４月に起こったもっと悲惨なチェルノブイリの原発事故の衝撃も忘れることができません。ところがチャレンジャー事故は、すでにお話したように、私たちの運命にかかわる、ＴＤＲＳ衛星を使ったスペースＶＬＢＩ実験をもたらしたのです。

★宇宙の電波望遠鏡　計画の始動

スペースＶＬＢＩの考えは、アメリカでもヨーロッパでも検討されていました。スキリッチさんがまとめ役になってヨーロッパのＥＳＡ（ヨーロッパ宇宙機関）に提案されたスペースＶＬＢＩのQuasat計画は認められませんでした。しかし、この計画のおかげで、このあとに実現する計画への国際的な「地ならし」ができたといっていいでしょう。このアンテナのデザインは、風船を膨らませてその内側の面を反射面にするという考え方でした。この方法でアンテナを精度よく実現することに

写真14：ラジオアストロン衛星とカルダシェフさん

は私は疑問があります。

ソ連もニコライ・カルダシェフさんを中心としてスペースＶＬＢＩの「ラジオアストロン計画」を検討していました。１９８０年代から予算がつき、衛星の設計、製作が始められました。しかしラジオアストロン計画はその後、遅れに遅れて、結局２０１１年に打ち上げられたのです。こんなに長い時間がかかった計画はどこにもないでしょう。ところで、カルダシェフさんは「地球外文明の探査」について強い興味をもっていることで国際的に知られている電波天文学者です。

日本のスペースＶＬＢＩ計画

森本雅樹さん、わたし平林、井上允さんら東京天文台（現国立天文台）野辺山のＶＬＢＩグループと宇宙科学研究所（現ＪＡＸＡ）の西村敏充先生らは独自の検討を続けて、宇宙科学研究所にスペースＶＬＢＩ衛星の提案を行いました。

このプロジェクトを提案する文書作りを、主に野辺山宇宙電波観測所で行いました。森本さんが、計画名を「ＶＳＯ計画」にしようというので、私はさらに最後にＰをつけ加えました。お酒に興味がない皆さんは知らないと思いますが、ＶＳＯもＶＳＯＰもブランデーにある名前なのです。森本さんはお酒が大好きだったのです。そろってお酒が好きな小田先生も西村先生もこの名に文句はありませんでした。結局、VLBI Space Observatory Programme という名前にしました。Programme ですが、私は Program より、風格があるのかなと思ってそうしてみたのです。この提案書は、最後は野辺山で徹夜で作り上げられ、その朝に森本さんによって宇宙研にとどけられました。

　この計画では、衛星の軌道を考えるにあたって、地球から最遠で2万km、最近で５００kmほどの楕円軌道を選びました。これは地球に近づいたり遠ざかったりして約6時間で1周して、地球のアンテナとのいろいろな長さの組み合わせが実現できて、いい映像が得られやすいからです。こうして電波天文衛星のアンテナと地球上のアンテナ群とを組み合わせて、最長3万kmのＶＳＯＰの巨大な瞳が合成できます。このＶＳＯＰの瞳は、角度で1万分の3秒までの細かな天体の映像を見せてくれます。これは、地球から見て月の上の50cmのものを見こむ角度です。宇宙のハッブル宇宙望遠鏡（ＨＳＴ）の解像度は、可視領域で０・０５秒角程ですから、ＶＳＯＰでは１５０倍ほど細かく見えます。映像は2次元ですから、ハッブル望遠鏡が一点に見ているところを、縦横それぞれかけあわせて20万点ほどに分解できる事になります（口絵7）。

　この軌道のいいことはまた、軌道の面が1年ぐらいで向きを変えていくことです。軌道の面に向かう方向はいい観測ができる方向です。つまり、1年くらいのうちに、必ずいい観測ができるのです。軌道面が回転していくのは、地球が赤道方向にちょっとつぶれた形をしているせいなのです。

ＶＳＯＰ計画で観測しようとする一番の目標は、活動的な銀河の中心核（かく）です。とくに活動的な銀河核は、１兆度に相当する輝（かがや）きで見えます。そこからは、何万光年もの長さにおよぶ電波のジェットが見えています。なんでこんな事が起こるのでしょう。銀河核には太陽の質量の何億倍というような巨大なブラックホールがあるらしいのです。この周りで起こる、とてつもなく不思議な宇宙の映像が描（えが）き出（だ）されるのです。そのためにはとにかく細かく見分ける能力（分解能、あるいは解像度といいます）が必要なのです。

写真 15：VSOP 関係者（左から廣澤、森本、西村、平林）

★野辺山から淵野辺（ふちのべ）へ

宇宙科学研究所のスペースＶＬＢＩ計画が次第に現実味を帯びてきました。そこで、電波天文畑の私が野辺山をでて、宇宙科学研究所に移ることになりました。そして１９８８年の12月１日がその日でした。

こうして、野辺山を去る日が来ました。私は野辺山に特別な愛着を感じていました。始めは太陽電波観測所での６年間、そして宇宙電波観測所での６年間でした。楽しい思い出ばかりではありません。苦しい生活条件、ときには不毛と思われた苦しい研究生活。そして大計画が実現した野辺山、急加速でがんばった宇宙電波時代。

ここでがんばった年月が終わって、運転する車は次第に八ヶ岳からはなれていきます。野辺山高原から道を清里へ、そして甲府盆地に向けてくだっていきます。バックミラーに景色が逆向きに遠ざかっていきます。初めは悲しい心がいっぱいでした。いったいこれからどんなことになるのだろう。しかし、相模湖を越える頃、車を停めて気持ちを入れ替えました。そして気持ちは野辺山を去るというよりも、新しいところに打って出るという元気な気分になっていきました。

宇宙科学研究所はこのころ駒場（東京都目黒区）から、淵野辺（神奈川県相模原市）に移っていました。私は、「野辺山より淵野辺へ」、宇宙の更なる「野辺」へゆくのだなと思いました。

私の属することになった研究室は、衛星応用工学研究系の超遠距離通信部門というところでした。8階建ての研究本館があって、その7階にありました。西村敏充先生がこの部門の教授で、私は助教授のポストにつきました。西村先生は大学院時代から長くＮＡＳＡのＪＰＬで飛翔体の軌道決定を専門にして、日本にもどった研究者でした。そして宇宙研でのスペースＶＬＢＩの代表役となりました。

内示

そして、この頃、政府から「内示」がありました。内示とは、4月からの国の予算計画を前もって関係者に知らせることです。そうして実際のスタートの準備をするためです。内示ではスペースＶＬ

ＢＩ計画のための衛星開発の予算が認められることになりました。

この年が変わる頃、昭和天皇の容態は思わしくありませんでした。年が明けて、1月7日に天皇は亡くなられて、時代がかわろうとしていました。

その１９８９年の1月、新宿を歩いていると、駅近くのビルの電光掲示板に、新しい元号が「平成」と決まったと流れました。「『ひらなり』と読むのかな、なんだかのんびりの名前だな」と思いましたが、「へいせい」と読むのだとわかりました。ラテン系の人はhを発音しないので、「へ」は「え」となります。「ああ、僕らの『衛星』元年だな」と思いました。じわじわと大きなものが動き出しているなと感じました。

この2月、鹿児島の内之浦で宇宙科学研究所のオーロラ観測衛星「Exos-D衛星」の打ち上げを見ました。これからの衛星計画のために、いろいろな現場を理解する必要がありました。打ち上げ前の総合チェック、たくさんのグループの動き、数百人の人、お客さんの対応……打ち上げ……。後のために、いろいろなことを理解して心の準備をしておく必要があります。宇宙科学研究所は、独自開発の固体燃料ロケットを持ち、ほぼ毎年のように科学衛星を打ち上げて、世界でも注目される地位を築いていました。

打ち上げを見る人たちは、決められた場所からながめます。ロケットの打ち上げを確認する宮原レーダーの高台はロケット発射場から３㎞ほど離れています。この庭は宇宙科学研究所のお客さん用に提供されます。私はお客さんのお相手をする役目でしたが、衛星打ち上げを見たのはこの時が初めてでした。

秒読みが0になるちょっと前にロケットの尾部からなにやら煙が出たように見えます。そして0の瞬間に尾部がはげしく輝きます。そしてその光は始めはゆっくり、そして想像より速いスピードで打ち上がっていきます。見とれていると、突然、「どーん」というはげしい音が襲ってきて、その音は「ゴーゴー」と続きます。ここで気がつくのは、宮原台地まで音がとどくのに8秒ちかくかかり、それまではまったく無音の世界だったのです。

ひかり輝くロケットが、鹿児島の内之浦発射場から、限りない一直線で打ち上がるのが見えました。そして空はひき続いて音をたてていました。わけもなく涙が出ました。一緒に見ていた人たちも涙をながしていました。Exos-D衛星は「あけぼの」と名付けられました。「平林さんたちの番ももうすぐにやってきますよ」と声をかけてくれる人もいました。

★Muses-B スタート

その平成元年四月から私たちの「VSOP計画」が正式にスタートしました。計画がスタートできたのには、宇宙研の所長だった小田稔先生・副所長の林友直先生が大きな役割を果たされました。時には勇気づけ、世界にも声をかけ、所内のチーム作りにも気づかいいただきました。VSOP計画は、電波天文観測装置を搭載し、各種工学実験の仕上げとしてスペースVLBI観測を実現させ、更に、国際共同でスペースＶＬＢＩ観測（ＶＳＯＰ計画と名づけられた）を行うことをめざした計画です。

宇宙の電波天文衛星の仮の名は「Ｍｕｓｅｓ－Ｂ」と名付けられました。Ｍｕｓｅｓという衛星名は、宇宙科学研究所の「工学実験衛星」というシリーズにつけられたものです。「ミューロケットを使った工学実験衛星」をあらわすMu-Series-Engineering-Satelliteから作られた名前です。ひるまずにあえて高度な工学的実験をするための衛星です。Ｍｕｓｅｓとは西洋では9人の学芸の女神を表します。Music（音楽）、Museum（美術館）などは同じ仲間の言葉です。先輩格のＭｕｓｅｓ－Ａは１９９０年1月に打ち上がって月・地球間スイングバイ実験をした「ひてん（飛天）」です。

スイングバイとは、天体のそばを通り抜けて、軌道変更したり、加速したり、減速したりなどを、燃料をつかわずに重力作用で行うことです。これは探査機や観測衛星を必要な軌道に効率よく乗せる大事な軌道技術なのです。飛天は三重の塔、五重の塔などのてっぺんの「水煙」というところで楽を奏でて舞っている天人ですから、ぴったりの名前ではありませんか。そう思うと、三重の塔などはまさに三段ロケットのようですね。「ひてん」は地球と月の近くの空間を自在に飛びまわってスイングバイの実験をくりかえしました。「ひてん」はさらに孫衛星「羽衣」を分離して、月を回る軌道に乗せようとしましたが行方不明になってしまいました。「ひてん」は十分に実験を終えた後、月面に落下させました。１９９３年4月のことです。

Ｍｕｓｅｓ－Ｃは、２００３年5月に打ち上がって小惑星「いとかわ」までいってサンプルを採取して、たいへんな困難を乗り越えて２０１０年6月に帰ってきて燃え尽きた「はやぶさ」です。

写真16：ひてん（上）とはやぶさ

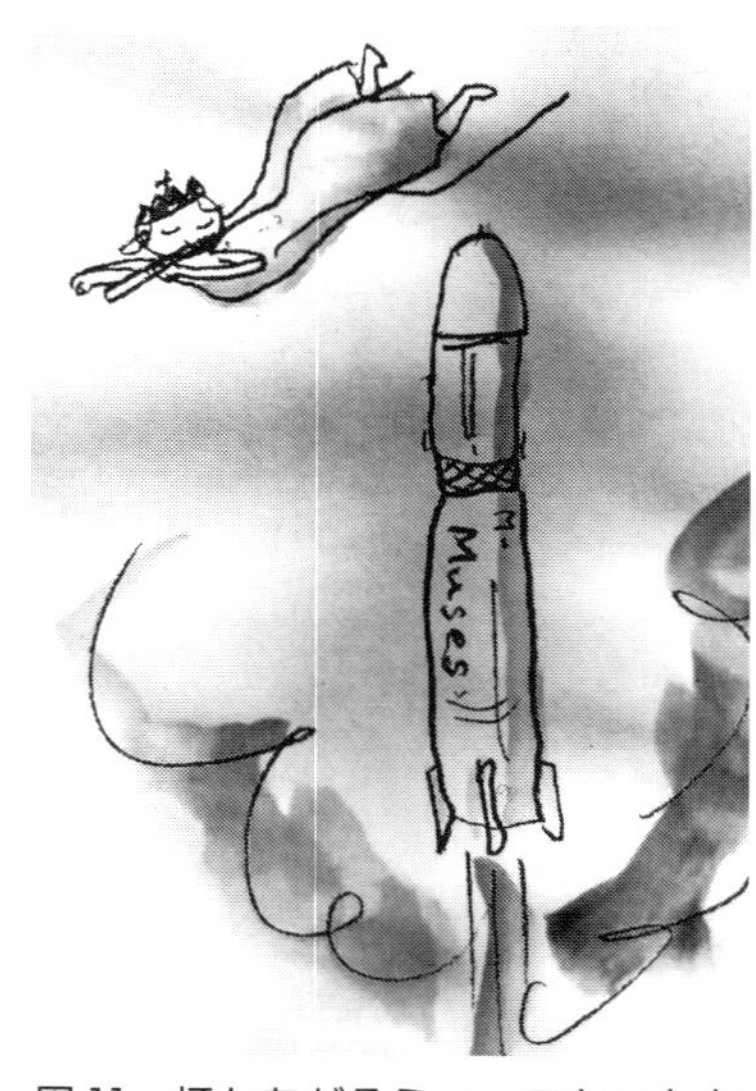

図11：打ちあがるミューロケットと舞い奏でる飛天（筆者画）

計画を準備し、衛星をつくりとがんばっている8年の間に、Ｍｕｓｅｓ－Ｂという名前がだんだん好きになってなじんでいきました。結局、Ｍｕｓｅｓシリーズは宇宙科学研究所のある時代だけに実現した3機の衛星なのです。「ひてん」、「はるか」、「はやぶさ」、性格の違う3姉妹です。幸いなことに3機とも見事な成功をおさめることができました。

ここでまた、小田先生の思い出話です。

「こうしているうちに、本格的に計画を進めているのは日本だけになってしまって、それに外国の仲間が乗っかってくるということになりました。面白いことには先ず名前が先行します。この計画には、お酒が好きなことで国際的に有名な森本さんに因んでＶＳＯＰという名がつけられました。アメリカのＮＲＡＯの窓口として、ＭＩＴのバーニー・バーク他の人びと、そしてＪＰＬの人びとが、日本では宇宙研の工学の人びとが本気になりました。天文台から

写真17：国際シンポジウム

このために宇宙研に移ってきた平林さん（外国ではHirax（ヒラックス）という愛称（あいしょう）でよばれる）を中心に計画が進められました」

★国際シンポジウム

国際的な計画ですから、まず国際デビューが必要です。そこで４００万円ほどの予算をもらって国際シンポジウムを開くことにしました。外国から45人の出席となりました。この年に助手になりたての小林秀行（ひでゆき）さんと中心になって、たいへんな忙（いそが）しさの中で実現しました。集合写真を撮（と）るとき、横の西村純所長が、「45人とは宇宙研始まって以来の大きな人数だね」とささやきました。時は12月でした。「赤穂浪士（あこうろうし）よりちょっと足りません」と答えました。そしてこれに先立って一行は野辺山で国際ミリ波ＶＬＢＩシンポジウムも開きました。

衛星をつくる

1989年、つまり平成元年から始められたMuses−B衛星の設計、製作と総合チェックは、8年間に及びました。順調にいくと普通は5年間ほどなのですが、この場合は事情がありました。1989年にMuses−B衛星が認められたときは、打ち上げロケットとしては、M3S−IIを使うことにしていました。ところが1年後の1990年には打ち上げ能力が2・5倍ほどの新ロケットM−Vの開発が認められてスタートしたのです。そこで、Muses−Bは開発される新ロケットの1号機で打ち上げるという決断がされたのです。試験打ち上げなしで高価な衛星、大事な衛星を打ち上げるのですから、これは大きな賭けともいえます。ただ、Muses−Bは定められた軌道にあまり正確に上がる必要はないのです。これはロケットグループにとっては安心できることでした。

ロケットの打ち上げ能力が増強されるので、Muses−Bは前よりぐんと性能をあげた衛星へと、大きく変更されました。新ロケットを使うことで、今まで直径7mとしていたアンテナの直径は10m（支柱のさしわたしでは12m）になりました。

こうして1990年からは、M−Vロケット開発とMuses−B衛星開発が一緒に、打ち上げに向かってのスケジュールを進むことになりました。ところが、打ち上げ1年前には、M－Vの固体燃料ロケットの強度が足りないという不具合が発生してしまいました。こうして、打ち上げがさらに1年遅れたのです。こうして、Muses－Bにとっては8年間もの時間が必要となったのです。

高度な要求を確実に実行できる衛星をつくっていくことはほんとうに大変です。よく考えた設計も、きちんとした製作も、そして念入りなチェックも必要なのです。

それからは、私たちは本気で頑張りました。すでにロケットや科学衛星を使って数かずの立派な研究をしてきた宇宙科学研究所には尊敬の念を持っていました。そしてまた、私は野辺山に発した者だけれど、宇宙科学研究所の皆さんと一緒に成功させなければ、という意識は消えることがありませんでした。

こうして、毎日のような打ち合わせ、設計の会議、試験などが、続くことになりました。それは次第に具体的になっていきましたが、それはそのつど初めての経験でした。またこのあいだ、国立天文台と宇宙研の仲間とは常に一体になるように努力しました。

人工衛星を造るのは、生きものを造るのに比べれば、はるかに簡単なことでしょう。人間のチームが、人工衛星を造り出せるのは、そこに一つの方向に向かった共通の意志があるからです。こうしたチームの人びとと仕事を通じて親しくなって話してみると、子どもの頃から人工衛星をつくりたかったという人がいます。職人さんたちのぴりっとした真剣さも気持ちのいいものです。真剣な人びととの仕事は苦しくても楽しいものです。

人工衛星は地球を回る軌道にあがらなければなりませんが、ロケット打ち上げ能力に限りがあるので、衛星にはきびしい重量制限がつきます。その制限の中で、大きさの限られた太陽電池を働かせようとするので、電力の制限もきびしくなります。修理ができない宇宙では信頼性もたいせつです。

人工衛星には立派な仕事をしてもらいたいと考えます。科学衛星であれば、とくにがんばって性能を出そうとします。ところが無理をすると失敗のもとです。このようなきびしい制限のもとで、人が集まって、何年も何回も会議をし、設計と製作とチェックを重ねてゆきます。いったい何人の人が関わっているのでしょう。数えかたによっては、何十、何百、何千、何万と人数が広がっていきます。

人工衛星の製作とチェックを、厳しい修行にちなんで、私は秘かに「千日回峰行」と呼びました。これは、歩き、祈りの連続で、いったん始めたら休むことが許されない仏教の難行です。数年間にわたる決死の修行で、ほぼ地球1周の4万kmほどを歩くことになるそうです。最後は飲まず食わず眠らずの行で満行。衛星チームにはこのように続く努力が必要です。大げさかもしれないけれど、まさにそんな意志が衛星の命を生み出すのです。

★設計会議

衛星は複雑な装置が集まっているので、参加するメーカーもたくさんです。そこで、すべての関係メーカーのスタッフと一堂に会して2カ月おきに報告会議が行われました。「設計会議」といわれたものです。「衛星主任」の廣澤先生がまとめ役です。

Muses-B衛星のためにたくさんのことがありましたが、いくつかあげてみましょう。

1990年7月　臼田の64mアンテナと、通信総合研究所の鹿島の28mアンテナで測地VLBI実験が行われました。VSOP計画への協力の基本的なステップです。

1992年11月　VSOPのための国際科学委員会VISCが発足しました。これはVSOP計画を立派な計画としてすすめていくための委員会です。

1993年　Muses-Bと地上アンテナの10局の電波天文データを再生してつきあわせする相関器の製作を開始しました。

1994年11月より翌年2月まで　Muses-B姿勢系の試験が始まりました。

1995年10〜11月　臼田の10mアンテナ、スペースVLBI用追跡局の調整と試験。

衛星のデータを地上に送信させたり、基準波を送ったり状態をモニターするために、専用追跡局が世界で5局用意されました。臼田に10mアンテナが1基新設され、NASA/JPLは3つの11mアンテナを作りました。これらの追跡用アンテナは、衛星へ基準波を送り、2方向ドップラー計測を行い、軌道を正確に決定し、衛星観測データを受信して磁気テープに書くという、いくつものたいへん重要な役割をもつものです。

このための設計、試験には宇宙研の山本善一さん、野辺山の川口則幸さんが重要な役を果たしました。これには、外国の4局の追跡局が交代で働いていくので、互換性も大事です。

1995年11月 Muses-B、総合試験が始まりました。

★宇宙で開く電波天文アンテナ

展開する10mアンテナの設計製作は困難を極めました。たたんで打ち上げるので、アンテナが開かなかったら、すべてが終わりです。パラボラの主反射面は、ストッキングを織るのと同じトリコット編みの金メッキしたモリブデン線の網ですが、その網を張るのはたくさんのケーブルです。そのケーブルの端を固定するのが、中心から伸びる6本の柱です。あとは、あれこれ長さの決まったたくさんの糸で微妙な形が作られます。こうして、苦心してデザインされた6000本の糸の集まりが、表面に小さな三角形の集合を作り、パラボラ表面を作るのです（図12）。反射網はこれにそって縫いつけます。6本の柱はモーターによってゆっくり同時に伸ばします。アンテナの焦点の手前には、もう一つの副鏡がありますが、これは、3本の支柱が肘を広げるような形で、正しい位置に固定されます（口絵12）。

この方式を進めた責任者が、宇宙科学研究所で「はるか」アンテナ開発主任だった三浦公亮先生で

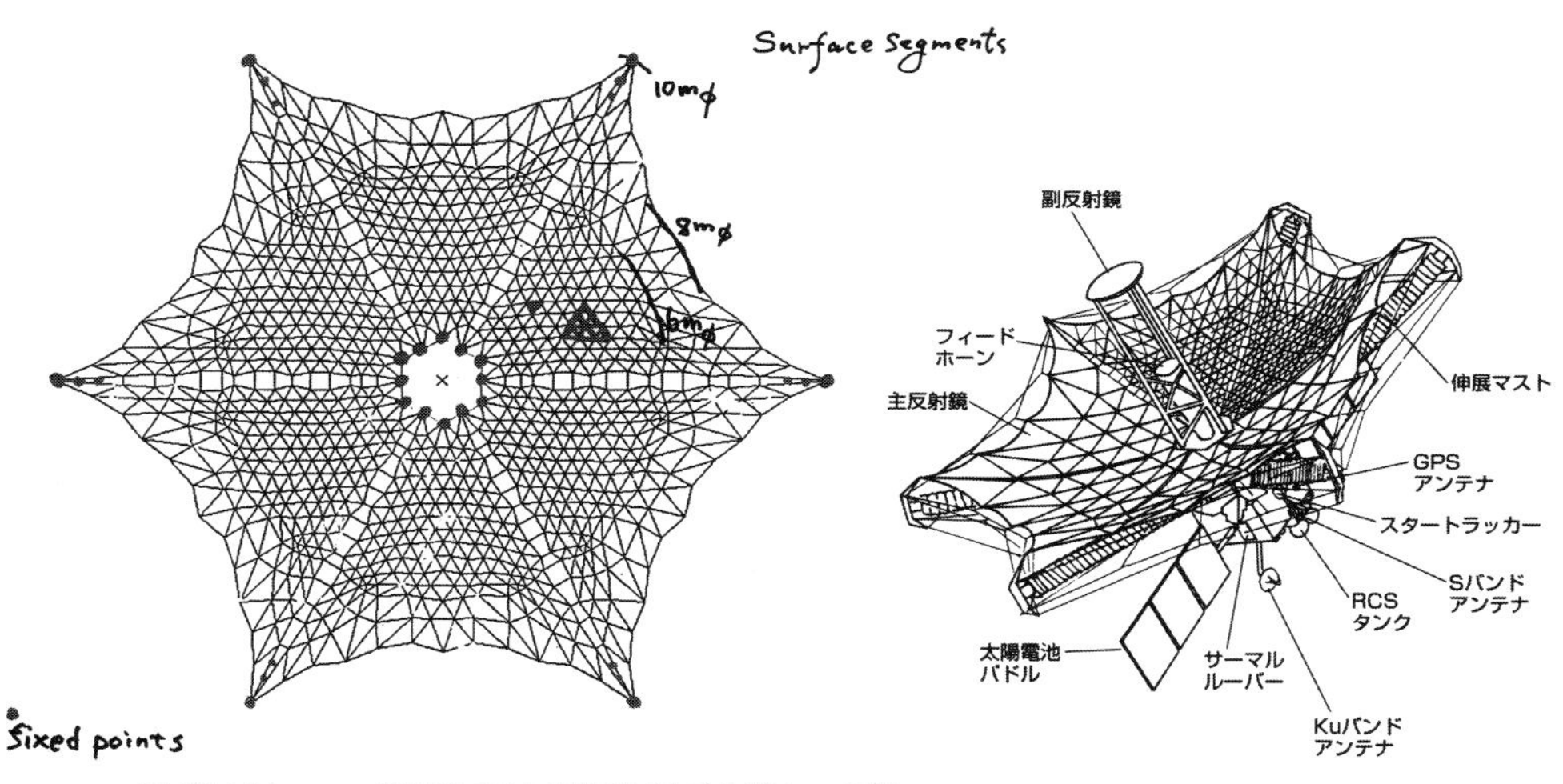

図12：Muses-B アンテナをかたちづくるケーブル

す。折り紙の研究を進めて、「三浦折り」の発明をした人です。それで「はるか」のアンテナは「三浦折り」だと勘違いされることが多いのですが、これはまったくちがう考えのものです。

　アンテナがひろげられた結果、アンテナの主鏡面の精度（でこぼこ）は、0・5㎜より小さいというのが目標でした。最も短い観測波長は1・3㎝なので、電波がしっかり反射できるために、この精度が必要なのです。宇宙できちんと開く事、この精度を達成する事、これは並たいていの努力でできる事ではありません。そこで、地上で何回もの展開試験と面調整が行われました（口絵9〜11）。

　宇宙に打ち上げるためにアンテナは軽く作られています。宇宙では無重力、それなのに地上では重力があるので、アンテナの置かれる条件がちがい、そのため形も微妙に変わってしまいます。湿度でも伸び縮みが変わります。ですから、伸び縮みのすくない材料を使ったうえで、変わり方をしっかり予想して、宇宙ではちゃんとした形になるようにと、地上ではその分をずらして作るのです。これは、実にたいへんなことでした（口絵13）。
何年にもおよぶ、各種の展開実験。アンテナは電波天文の性能を決める大事な観測装置です。メーカーの皆さんもほんとうによくがんばりました。何度も試験に立ち会いました。私たちもはらはらしながら、メーカーの技術陣も作業員も、一つ心で成功を願っていました。

この大展開アンテナを担当したメーカーは三菱電機でした。三菱電機といえば、野辺山宇宙電波観測所の白いアンテナ群や臼田宇宙空間観測所の64ｍアンテナも、三菱電機の伊丹製作所グループが製作したのです。Ｍｕｓｅｓ－Ｂのアンテナも、三菱電機の製作なのですが、こちらは鎌倉製作所のチームによるものでした。会社にはそれぞれの社風があっておもしろいと思いましたが、三菱電機の皆さんは、たとえ困難でも立派なものを作らないと恥ずかしいという、気概を感じました。

長い検討と実験の末、開発中に、アンテナ内直径を10ｍから８ｍにするという悲しい決断をしました。これは確実に開くこと、精度をしっかり達成するための勇気ある撤退だったと思っています。内径８ｍ（さしわたし10ｍ）といってもむずかしさはたいへんなものですが……。

天体から受信した電波は非常に微弱で、Ｍｕｓｅｓ－Ｂの８ｍのアンテナで受信しても信号は10^{-26}Ｗにしかなりません。それに雑音をなるべく加えないように慎重に増幅しなければなりません。Ｍｕｓｅｓ－Ｂでは、１・６GHz帯と５GHz帯と22GHz帯（波長でいうと、18cm、６cm、１・３cm）の三つの周波数帯を受信するため、三つの周波数帯の低雑音増幅器を載せます。それぞれの信号は、地上リンク局から送られた基準信号をもとに周波数変換され、高速でデジタル信号に変換されます。これを15GHz

帯の電波を使って地上の衛星追跡局に伝送します。

このデータの送信には1秒間に1億2800万ビット（128Mbps）と、それまでの宇宙研の衛星の中では1万倍ものデータ送信速度が必要になりました。このために衛星には小さなアンテナを載せて、地上の追跡局と通信します。

追跡局では受信した電波天文信号を磁気テープに記録します。これで、宇宙で捕まえた電波が地上におろされたことになります。

また、VLBI観測で複数の観測局が観測した電波の波面を合わせ画像を得るためには、観測データに対して非常に高精度な時刻をつける必要があります。地上の電波望遠鏡では高精度の水素メーザー発振器を用い、高精度な時刻付けなどをするのですが、Muses-Bでは水素メーザー発振器を衛星にのせる事はせずに、地上追跡局の水素メーザー発振器からの基準信号をマイクロ波で衛星に送ることにしました。とても繊細な装置である水素メーザー発振器が、打ち上げたうえで何年間も故障なしにはたらくか心配だったのです。もちろん、重さも大問題でした。

このように「はるか」は、特別な電子回路や電波通信が必要な電波天文衛星です。そのため、これを正しく設計し、チェックして、仕立てあげていかないとなりません。

衛星の展開アンテナをのぞく基本の回路は電気・電子メーカーのNECが製作を担当しました（口絵14）。先に書いたような、スペースVLBIをになう電波望遠鏡を作るためには、全体の電波から、電子の回路に、通信をよく理解して、全体の仕事をすすめていかなければなりません。そこで、「観測信号系」という検討グループを作り、私が会のまとめ役となってすすめました。

衛星設計と製作のためには他にもいくつもの専門家の検討グループが働きました。いくつか名前だけ挙げておきましょう。どれも衛星にとって大事なものです。構造設計、熱設計、通信系、電源系、姿勢系、運用系……。どこの部分のどんなミスが衛星の不具合や死をもたらすかもしれません。こうして次第に、衛星は生きもののようだなと思うようになりました。

母の死を看取る

長い年月の衛星づくりの日々の中でもいろいろなことがありました。なかでも母の死は私にとっては、衛星つくりの時期と重なり合っていた大きなできごとでした。

1回目の手術から数年後、2回目のガンの手術は思ったよりも早く終わってしまいました。それはよくないことでした。「症状が思ったより進んで、これ以上の処置はできない」と医者に告げられました。

そして、とうとう母の先が短くなって集中治療室で夜の番をしていたことがありました。心臓の鼓動などがモニター画面につながっていました。薄暗い中で、モニターの緑色の線が流れてパルスを表示していました。パルスが正常に動いているのが生きている証でした。それを眺めて夜を明かしました。宇宙を飛ぶ遠くの衛星の状態は何十点、何百点と、モニターできるものです。それに較べて、ここに横たわっているすぐ近くの母の容態はこの2、3点しかわからないのだなと、もどかしく思いました。

結局、母は1992年12月15日の明け方に亡くなりました。この夜は兄姉たちと夜を徹して看取りました。その明け方の薄明かりの中で、雪が降り出しました。母が息を引き取る直前の2、3呼吸が緩やかになりました。初めてのことなのに、数秒後に何が起こるのかがわかったように思いました。手を握っていた母の呼吸はゆっくりと停まりました。

数日の休暇の後、また相模原にもどりました。

★一噛み「一次噛み合わせ試験」

1994年6月Muses-Bの「一噛み」が始まりました。「一噛み」とは「1次噛み合わせ試験」のことで、これは宇宙研でしか通用しない言葉です。人工衛星のすべての部品がそれぞれのメーカーから持ちこまれて、組み立てられて、さまざまなチェックをして、いけないところを見つけることです。

衛星が宇宙研のクリーンルームで組みあがっていきます。まずは三菱電機鎌倉製作所からきたアンテナと、NEC横浜工場からきた衛星本体部が上下に合体です。

この間に本番用メッシュアンテナの展開も行われました。メッシュ鏡としては限界という、直径8mパラボラアンテナの面の精度0・5㎜にギリギリと挑みました。

「一噛み」は、１９９４年11月10日に終了しました。念入りなチェックで、多くの不具合が見つかりました。数が多いと、今のうちに悪いところがこんなに見つかったからよかったと考えることもできます。数が少ないと、うまくいってるなと考えることもできるし、大事なことを見落としているのではないかと心配になります。

結局、１０８の不具合が見つかりました。年末につく「除夜の鐘」の数と同じでした。除夜の鐘は、人の１０８の煩悩（悪い心）を消すためだといわれます。「Ｍｕｓｅｓ-Ｂも悪いところが同じだけあったんだね」と仲間で話しました。不具合の原因をつきとめる、そして今後の修理方法を確認して、すべての装置や部品がメーカーにいったん帰ります。

そして次にみんなが出揃うのは、「総合試験」です。それからがいよいよ打ち上げにむかっていく本番です。総合試験に集まる部品はすべてほんとうに宇宙にあがるものばかりです。総合試験は正式にはＦＭ総合試験といいます。ＦＭとはフライトモデル、ほんとうに宇宙に「飛んでいくもの」という意味です。これに対して、実験的に、予備的に作られるものは、ＥＭとかＰＭと呼ばれます。

１９９４年11月、東京都武道館で剣道五段の昇段試験を受けました。今まで何回もの昇段試験を受けた中で、信じられないほどよい立会いができました。切り落としメン、面すりあげ胴、出ごての技がしっかり決まりました。この頃はほんとうに忙しかったけれど、何とか稽古を続けていたのです。忙しさはできない言い訳にはならないのかもしれません。

予測できないこと

M‐Vロケットによる Muses‐Bの打ち上げの前に、M‐3S‐Ⅱロケットの最後となる8号機の打ち上げがありました。ドイツとロシアが共同開発した衛星EXPRESSの打ち上げを宇宙研が引き受けたのです。EXPRESSは宇宙で実験をしたあと、地球に自分でもどる衛星です。予定の1995年1月15日、ロケットは夜の22時45分に飛び立ちました。M‐3S‐Ⅱの最後をかざる見事な打ち上げだったと信じてコントロールルームに行ってみると、異様な静けさで皆さんが立ち尽くしていました。ロケットは軌道をそれて、打ち上げは失敗したというのです。その夜はわけもわからずにすごしましたが、軌道から見て、衛星は16日に地上に落下して燃え尽きたと思われました。M‐3S‐Ⅱロケットには見事な引退を望んでいたので、残念なことでした。M‐Vロケットにうまくバトンをつないで欲しかったと思いました。

そして、東京の自宅にもどって、深い眠りに入りました。家族がテレビを観て「たいへんなことが」と声をあげていました。起きだしてみると、神戸が燃えていました。1月17日朝の阪神淡路大地震の発生でした。予期できないことが起こるものだと思いました。

10カ月後にさらに驚くべきことがわかりました。軌道を外れたEXPRESS衛星は自動制御でアフリカのガーナに無事に落下していたことがわかりました。土地の人が発見したのです。ところが発見者は所有権を主張したので、回収にはずいぶん苦労したということです。何が起こるかわからないという更なる教訓でした。

私たちは宇宙研の衛星試験棟で過ごすことが多くなりました。白い服と帽子と靴で、エアシャワーを受けてからクリーンルームに入ります。そうしながらも日が過ぎていきます。

コラム　野辺山の発見、NGC4258のブラックホール

いろいろな準備をしている間にも、たいへん興味深い発見がありました。野辺山の45m電波望遠鏡を使った中井直正さんたちは、1993年に、猟犬座にある渦巻銀河M106（別名NGC4258、距離2300万光年）の中心核から水蒸気がだすスペクトル線を観測しました。ところが驚いたことに、そのスペクトル線は、真ん中の強いスペクトル線のほかに、波長の長いほうと短いほうとにも離れたスペクトル線を発見したのです。ドップラー効果でずれているとすると、秒速1000kmもの速さになって、受け入れがたいもので、謎とされて残りました。この発見はそれ以後不思議に思われていました。

ところがVSOP計画のためにいろいろな準備をしていたところに大きな進展がありました。1995年に、三好真さんたちの日米グループがアメリカのVLBAを使ってこの水蒸気のスペクトルの電波がどこから出ているかを観測したのです。するとこの銀河の中心で1光年ぐらいの半径の円盤が秒速1000kmもの高速で回転しているのがはっきりわかったのです（口絵5）。このことから中心に重さが太陽の3600万倍のものがあるので、高速の円盤を引き回していると考えられました。これはブラックホールと考えられています。これは現在、ブラックホール候補の天体で最も詳しく質量が測られたものです。そのシュバルツシルト半径は1億kmほどです。

渦巻銀河M106は、よく見ると不思議な形をしています。後にあがったX線観測衛星チャンドラでM106を

観ると、やはり中心には巨大ブラックホールがあるようです。そして銀河のあちこちのいくつもの典型的な中性子星、ブラックホールが観えます。さらに太陽の100倍前後の重さのブラックホールらしいものが5こ見えています。

コラム　神岡と西穂高岳へ

宇宙線研究所では、後にノーベル賞で有名になる神岡の検出装置カミオカンデチームががんばっていました。1995年に神岡町で一般講演会があった折に講師を頼まれて出向いたことがありました。このときにスーパーカミオカンデの穴を見学させてもらえました。スプリングの効かないトロッコに乗って真っ暗な坑道をゴトゴトゴトゴト、たどりつくまではとても長く感じました。ほんとに真っ暗なので眼が慣れることはありません。自分の眼が、光子を捕らえようと努力する光電管のようだと思いました。

講演の帰りにせっかくここまできたのだからと、妻と西穂高岳に登ることにしていました。新穂高温泉からは、ずっと高く遠くに、奥穂高にむかう峰々が見えました。そこは別世界の峰のように見えました。

翌朝、ケーブルカーで肩の小屋まであがり、そこから尾根伝いに「独標」という峰を通過して、さらに登って西穂高岳にむかっていきました。

途中で岩場を伝って踏みあとをたどると、左に回りこんでいくようになりました。しかし、道は自分の力では進めないような感じになりました。こわくて進みようがないとしか思えないのです。踏み出せるのか、あきらめてもどるのか、さらに考えていると、後ろを通過する登山者から呼び声がかかりました。その踏みあとはまちがいで、その先にはルートがなかったのです。それからルートを正しい道にもどって進み、とうとう西穂高岳に着きました。その先には岩の道が連続して、奥穂高に続いているはずでした。それはジャンダルムのピークなどという難所(なんしょ)を越(こ)えていく、私たちにはとても無理なこわいルートです。そうして、もときた道をもどりました。

あのルートを左に外しそうになったことは、今思い出してもこわいことです。長い衛星計画にも、どんなに注意していてもこんなおそろしいことがあるのかなと思いました。

★衛星の試験が続く

いよいよ衛星の総合チェックが宇宙研で始まりました。いわゆる「総合試験」です。95年11月2日からでした。何カ月も続く総合試験の間、作業の始まる前の毎朝と終わった後の毎夕は、その日の全員が集まって確認会をしました。会議はいつも時間正確に始められました。たくさんの人が動いているので、時間をルーズにし始めると、士気がたるんでしまうものです。しかし、皆さんはいつも真剣でした。

いくつかの試験を紹介(しょうかい)しましょう。

振動(しんどう)試験

衛星の試験の中でも、見ごたえのあるのが振動試験です。衛星は打ち上げのときに激(はげ)しい加速と振

写真 18：Muses-B 試験機を使った振動試験

写真 19：衛星と筆者

動を受けるので、これで衛星に不具合があったり、こわれてしまったりしてはなりません。そのために、衛星があたかもロケットに乗っているように激しく揺り動かすのを「振動試験」といいます。

衛星を構成する部品、装置、などは、すでにそれぞれが個別に振動試験をパスしてきています。しかし全部が組みあがった衛星がどんなことになるかは、結局はやってみないとわかりません。衛星は可動の板に載せられ、その板は強力な電磁石で揺すられます。この装置を「振動試験装置」といいます。電磁石は電流を流すことではたらくので、ロケットの揺れと同じ電流を流してやるといいのです。こうして試験装置と衛星とは揺れて音をたてますが、それは打ち上げのときの音によく似ています。考えれば当然ですね。それは想像よりもすごい振動音です。

このとき、ヘルメットをかぶったメーカーの担当者が衛星の近くで、いとおしそうに心配な部品を気づかう姿が印象的でした。慣れない私には壊れるのではないか、何かが外れて飛んでくるのではないかと心配するほどのすごい振動でした。

スピン試験

ロケットも衛星も打ち上げ時に、姿勢を安定させる必要があって、くるくると回転（スピン）します。このとき衛星の回転のバランスがよくないと、がたがたと変な振動が起こって、壊れてしまうかもしれません。このために、衛星全体にはうまくつりあうように、いろいろな部品の配置を考えて取り付けられるのです。それがうまくいかないときには、必要な場所にわざわざ重しを載せて、つりあうようにします。自動車のタイヤもきれいに回転できるように、バランスをとるのですが、同じことです。

さて、そうして衛星全体を台の上でくるくると回してみます。滑（なめ）らかに回ると合格です。打ち上げ状態にたたんだＭｕｓｅｓ－Ｂ衛星をくるくると回すと、それはブランデーのビンにそっくりに見えました。「ＶＳＯＰ計画だからちょうどいいな」と心の中で思いました。

熱真空試験

真空試験は、衛星づくりの中のまた大きな山場です。人工衛星は真空の宇宙に行って働くので、衛星が真空中でどんなになるか、徹底的（てっていてき）に調べなければなりません。そのために、衛星全体をすっぽりと入れられる「真空チェンバー」に運び入れます。このチェンバーの中では、ある程度、温度の設定もできます。宇宙のどのくらいの温度のもとで働けるかも大事だからです。

もちろん人が真空チェンバーに入るわけにはいきません。中に入っていたら真空だから窒息してしまいますね。チェンバーの中の衛星と外との制御卓とは1本の信号ケーブルでつながっていて、これは宇宙にある衛星と通信するルートのかわりになります。そして、真空の宇宙の中でも衛星がちゃんと働くかをじっくりチェックしていくのです。

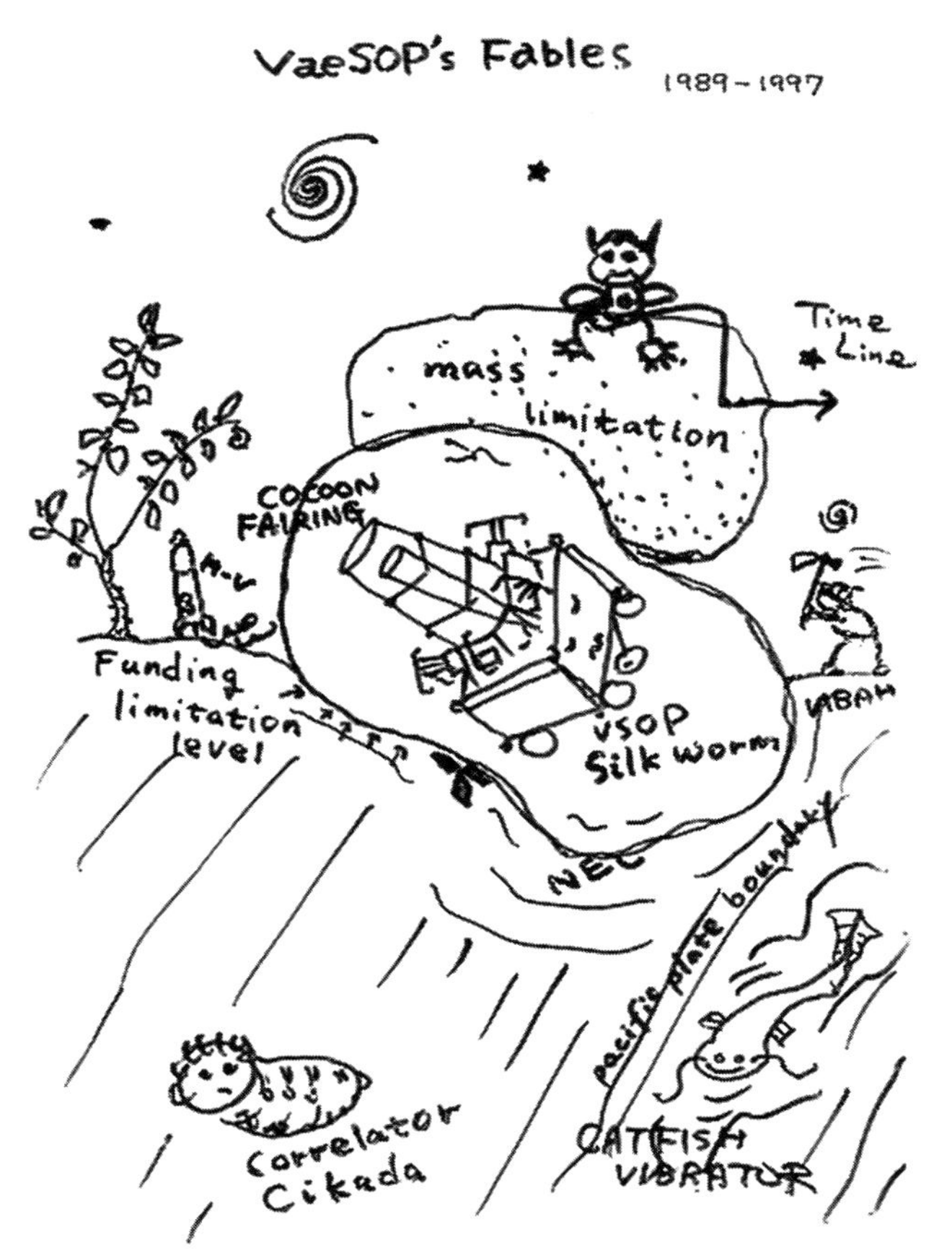

漫画：「VSOP 物語」衛星づくりの８年間の苦労をまとめたマンガ（筆者画）

大きな国際協力

ソ連の「ラジオアストロン」計画はいろいろな困難（こんなん）がありながらも命脈（めいみゃく）を保っていました。ラジオアストロンも世界とは協力をしていくための仕組みをもっていました。むしろ、こういう仕組みを作ったのは、先行していたラジオアストロンだったのです。ＶＳＯＰの側でラジオアストロン計画を見ていると、見習うべきところと、してはまずいことがわかってきました。

★ラジオアストロン会議　ソ連行き

１９９１年10月、モスクワの南の町プシノの電波天文台でラジオアストロン会議が開かれました。会議が終わると、世界からの出席者は2台のあまり上等でないバスに乗って夜の道をモスクワに向かいました。雪の道をひたすら北にむけて走ります。突然（とつぜん）、前で何か火花が光ったような気がしました。するとと突然、バスが急ブレーキで停車しました。目を覚ました人も何が起こったのか、すぐにはわかりません。先を走っていたバスが、故障（こしょう）で停車していたバスをよけそこねて、車道から傾斜（けいしゃ）を降（お）り下って地面にぶつかったのです。バスが横転しなかったのが幸いでした。何人かが怪我をしましたが、一番の重傷だったのは、一番前の席に乗っていたNECの中川栄治さんでした。脚を骨折です。森本さんも顔面を痛めてしまいました。バスの中はシートが壊れて散乱するありさまでした。寒さの中で私たちは、これが「第13回」ラジオアストロン会議だったと気がつきました。

私たちはようやく深夜のモスクワのホテルに着き、中川さんは病院に直行でした。夜が明けると、日本大使館の人がやってきて、対応にあたってくれました。中川さんはモスクワの病院で手術を受けました。病院に見舞いに行くと、あまり清潔でなく、施設も整っている感じがしませんでした。結局、中川さんは担架にのったまま飛行機の席に、私は同じ機に乗って、成田空港に帰国しました。成田には車が待っていて、そのまま相模原市の北里病院に直行、中川さんはそのまま入院して、再手術を受けることになったのです。

衛星メーカーの担当者として中川さんには、世界の各所での会合に参加してもらっていました。この事故では申し訳ないことになってしまいました。中川さんはこのあいだ、苦しい中を静かに耐えてご立派でした。

国際会議を組織するときには、関係者が無事に到着できるかどうか、そして帰れたか、主催者は細心の気を遣わなければなりません。

宇宙研での国際会合が終わって主催者としては久しぶりにのんびり布団に入っていた深夜、わが家の電話がなりました。神奈川県警からでした。「あなたが呼んだコバレフと名乗るロシア人が、北

漫画：「ホシはクロか?」（筆者画）

鎌倉の遊歩道で死体を見つけましたが、すでに出国しています。ついては参考に話を聴きたい」「は??」こんなことを真夜中に急にいわれても、頭がついていきません。そうして午前中に刑事さんたちがやってきました。そこで、ユーリ・コバレフが普通のまじめな研究者だということを納得してもらいました。あとは宇宙の話でもりあがって別れました。

話かわって、神奈川県警の本部に呼ばれて、宇宙の講演をしたことがありました。１００人もの屈強な刑事さん他がずらりと姿勢よく座っているのは壮観です。私が剣道五段だという紹介で、ふっと場が打ち解けたようでした。警察では剣道が盛んだからです。こうして、「ホシはクロか」と題して、不思議なブラックホールに迫る講演をしました。ブラックホールを探る話は、姿の見えない犯人を捜査する刑事さんたちにも共通するのでしょう。そして帰りはパトカーで宇宙研まで「護送?」していただきました。

★VSOP計画の国際協力

VSOP計画の国際協力については、とくにしっかりお話ししたいと思います。これがVSOP計画にとって、とても大事なことだったからです。このプロジェクトには、衛星だけでなく、衛星の追跡局、地上の電波望遠鏡が必要で、さらにこれら複数の局のデータを処理して、天体画像の処理をする必要があります。このため、大きな国際協力が必要でした。こうして多くの国ぐにが、この国際プロジェクトに参加しました。

すでに触れたことですが、ここで整理しておきましょう。

1)宇宙科学研究所とNASAジェット推進研究所(JPL)とアメリカ国立電波天文台(NRAO)とが、世界中で5局の追跡局を準備して、Muses-Bと通信する。臼田に1局。NASAは(アメリカ、スペイン、オーストラリアに)三つのMuses-Bの追跡局を作りましたが、NRAOは一つの衛星追跡局をウエストバージニア州のグリーンバンク電波天文台に作りました。Muses-Bのために、アメリカは全部で4局の専用追跡局を作ったのです。実際の運用では、Muses-Bが地球のまわりを回るにしたがって、追跡局がバトンタッチするようにして通信を行います。追跡局がちゃんとできていることを確かめるために、衛星側の装置を実際に前もって追跡局に運んでいって、チェックを行いました。

2）先の追跡結果をもとにして、JPL（ジェット推進研究所）と宇宙科学研究所が、Muses－Bの精密な軌道決定をします。VLBIの観測では観測を行う観測局の位置・速度を正確に知っていないと、それぞれの観測局で観測した電波の波面を合わすことができず、天体の画像を合成できません。このため、スペースVLBIの観測では衛星自身の位置・速度を高精度で決定する（軌道決定）ことがとても大切です。衛星も地上の観測局も、大きなアンテナの面の一部だと思えばわかりますね。あとで実際の軌道位置決定では10mの高い精度を達成しました。

3）世界の地上アンテナ（電波天文台）とMuses－Bとが共同観測する。

4）日本の国立天文台、アメリカ国立電波天文台、カナダのペンティクトン電波天文台で、データのつき合わせである相関処理をします。

地球上の各地の電波天文台のアンテナも、天体から受けた信号を磁気テープに記録します。観測がすんだら磁気テープを集めてくれば、あちこちで受けた電波を集めたことになります。刻々のアンテナの配置を考えて、それぞれのテープ再生の時刻をずらしてつき合わせ、天体の方向からの波をかけ合わせることができます。このためにこの焦点の役割をする「相関器」という特別な処理装置が世界の3カ所（国立天文台〈三鷹〉、NRAO〈ソコロ、アメリカ〉、ペンティクトン電波天文台〈カナダ〉）に準備されました。これは専用に設計された超高速コンピューターです。そして、この結果をもとに、別の研究用コンピューターで電波像が作りだされます。

図13：Space VLBI概念図

しかし、この相関器は10億円近くがかかりそうでした。これはロケットや衛星とはちがうので、宇宙科学研究所の中でこれがどうしても必要なのだと説得するのがたいへんでした。最後にはなんとか認めてもらって、さらに文部科学省、財務省が理解して予算がついたのです。

そして装置は宇宙研と国立天文台とメーカーとが協力して設計して作りあげ、「VSOP相関器」と名づけられましたが、ここで国立天文台の近田義広さんの優れた業績を忘れることができません。そもそも相関器の仕組みをどう作るかという設計で、近田さんは野辺山時代にたいへん優れた発明をした研究者です。その近田さんの考えはここでも取り入れられて、この「VSOP相関器」が実現したのです。そして、できあがったVSOP相関器は国立天文台の三鷹に設置されて実際の運用をお願いすることになりました。

これらとは別に衛星Muses－Bと親身になって通信する管制局は鹿児島の20mアンテナで、管制チームは宇宙科学研究所（相模原）の管制室から回線を通じて働きかけます。

★世界の電波望遠鏡群の協力

巨大な瞳を作るために、世界のたくさんの電波望遠鏡が協力します。公開科学観測に参加することになった局数は世界で34局、アンテナ数にして88基が、スケジュールにしたがって参加します。これが全部同時に観測に参加するわけではありません。平均的には、Ｍｕｓｅｓ－Ｂと同時に観測するのは、10局前後です。国別では日本、アメリカ、オーストラリア、イギリス、オランダ、イタリア、スウェーデン、ポーランド、ウクライナ、中国、南アフリカと12カ国が参加しました。日本では、臼田宇宙空間観測所の64ｍアンテナや通信総合研究所の34ｍアンテナが参加しました。後にたくさんの観測アンテナが参加した例は、Ｍｕｓｅｓ－Ｂ、アメリカＶＬＢＡの10局、ヨーロッパ６局、計17局が参加したもので、実に見事な映像が得られました。

このとき、世界中の電波天文台といちいち交渉するのはたいへんです。そこで世界中の電波天文台の代表が集まって、ＶＳＯＰ計画との参加協力を話し合う仕組みを作ることにしました。この会合ＧＶＷＧ（世界ＶＬＢＩ作業グループという意味です）の議長をしてくれたのがスウェーデンのロイ・ブース博士でした。世界中の電波天文台の台長さんをスウェーデンのオンサラ電波天文台に招いて、協力的な雰囲気で前向きに会議を導いてくれました。オンサラ電波天文台は海辺に、ゴルフボールにそっくりのレドーム（アンテナを保護するために電波を通す幕で覆ったもの）に入ったアンテナをもっていて、あたりは気持ちのいいところでした。

写真20：オンサラ電波天文台で世界の電波天文台長会議が行われた（前列中央に筆者とロイ・ブース）

米国国立電波天文台（ＮＲＡＯ）は１９９１年から、８０００㎞のひろがりのＶＬＢＡ（米国のＶＬＢＩ型干渉計）という電波望遠鏡をもって観測をしていました。ＶＬＢＡはＶＬＢＩ観測専用の電波望遠鏡です。ＮＲＡＯは、ＶＬＢＡの全観測時間の30％をＶＳＯＰ観測計画に参加することを決断しました。衛星Ｍｕｓｅｓ－Ｂミッション期間が３～５年と限られているため、この間にできるだけの協力をすることにしたのです。

臼田64ｍアンテナは深宇宙探査衛星との通信ばかりではなく、世界で唯一、１・６GHz帯、５GHz帯、22GHz帯を同時受信できる地上電波望遠鏡として準備されました。このために、遠くを飛行する探査機との通信に使うのとは独立な電波天文用の受信装置を備えました。64ｍアンテナは探査機「はやぶさ」などとの交信以外に、空き時間にこうしてＶＳＯＰ計画にも参加したのです。

外国の電波天文台に行っているときに、そこのアンテナが、たまたまＭｕｓｅｓ－Ｂ（「はるか」）と共同観測中なんてことがありました。すると、あらためて、Ｍｕｓｅｓ－Ｂと世界がほんとに一緒にやっているんだなと実感しました。これらの指令のもとはすべて、

図 14：世界中の電波望遠鏡群

宇宙科学研究所の科学運用チームから世界に向けて出されていたのです。

相関器からのデータをもとに、高解像度の画像を作成するデータ処理ソフトは、ワークステーションで簡単に動作させることができ、世界中の１００以上の天文台に配布されました。しかも世界で使われるワークステーションには3種類があったので、アメリカ、カナダ、ハンガリーでそれぞれのソフトが用意されました。こうしてほとんどの天文学者は、ＶＳＯＰのデータを受け取って、自分の研究室で解析して画像を作り、研究することができたのです。

ＶＳＯＰの国際協力に対して国の間ではお金のやりとりは一切しないことにしました。それぞれの国、それぞれの機関は、自分のところの予算を使って、協力したのです。とくに大きな協力をしたＮＡＳＡは何十億円もの予算を使いました。

写真 21：VISC の委員たち（宇宙研にて。左から E. Fomalont, H. Hirabayashi, J. Romney, R. Preston, J. Smith, P. Napier, R. Schilizzi, D. Jauncey, M. Inoue, D. Meier）

★VSOP計画の進め方

衛星を作り、地上局を整備し、調整し、という仕事の他に、実に大変だったのが、この複雑なシステム全体の観測運用をどうやっていくのか、また、観測プログラムをどう決めるかという事でした。科学者というのは、よくいえば、知識欲につき動かされてどこまでもがんばる人たちです。そして研究に対しては強い欲をもっています。たとえていったら、みんなでがんばって作ってきたおいしい料理のどれを誰がどんな順でどれだけ食べようかといったらどうにもまとまりません。

そこで、まずVSOP計画そのものを実現する基本の方針をきめるために、VSOP国際科学委員会（VISC）というものを作り、世界から選ばれた14人の委員たちで考えていくことにしました。公平にして文句が出ないように、しっかり役割をはたしてもらうために、委員を慎重に選びました。この委員会を作りあげるだけでも何百通ものメールや手紙のやり取りが必要でした。そして、衛星打ち上げ以前から、私とオーストラリアのジョンシー博士がＶＩＳＣ共同議長をしてきました。観測時間の半分を公開観測、時間の４分の１を組織した特別観測にしました。あとの４分の１はテスト観測やチェックなどです。

★観測プログラムはどのように

公開観測には、世界の研究者の誰でも観測提案ができることにしました。その研究者の国や機関がＶＳＯＰ観測プロジェクトに参加しているかどうかは問いません。これは大決断です。こういう方針は、世界のいろいろな観測施設や実験施設によってそれぞれちがうものです。素晴らしい装置を作ったら、それはその国のものが使うという考えと、それは人類のものとして使おうという考えとがあります。このごろは、人類の英知を結集して広く観測提案を受け付けて、最大限に科学を進めることがよいのだという考えが強くなっています。一方、大切な国民の税金でやっていることなので、一番苦労している自国の科学者が立派な結果をたくさん出していけるようにすべきだとも考えられます。これは、きれい事だけでなく、よく考えなければいけない問題なのです。

Ｍｕｓｅｓ－Ｂ打ち上げより1年半前に、最初の17カ月分の観測提案の受け付けを全世界にむけて発表しました。これはずいぶん早くからのように思われますが、提案の中のどれを実行するか、また、いつどのような方法でするのかを準備するのには時間がかかると思われたからです。もう、逃げも隠

写真 22：SRC（科学審査委員会）の委員たち（宇宙研にて）

れもできません。ここで発表したように、観測全体がうまくできるだろうか、心配しだしたらキリがありません。

それから、このときもっと心配していたことがあります。日本の仲間がいい観測提案をたくさん出せるかです。この科学の国際競争を有利に戦えるかです。私たちは発展途上の小さな科学グループでした。大学院から育った元気な藤沢健太さん、亀野誠二さんなどが若手研究者の仲間入りをしてきましたが、絶対数が少ないのです。しかし幸いなことに、日本からの提案の質も量も満足できるものでした。

そして観測提案の2回目以後は12カ月分を毎年受け付けることにしました。

次はたくさんの観測提案をどうするかです。とても競争がはげしいのです。そこで世界から慎重に公平に選ばれた優れた科学者たちで「科学審査委員会（SRC）」を作って観測提案の評価をして順位づけを行うことにしました。

世界が納得するような委員を公平に慎重に選びました。この議長は責任が重いので、最高会議であるVISCの共同議長が行うことにしました。

　審査の結果に応じて、宇宙科学研究所の「科学運用グループ」（VSOG、VSOP科学運用グループ）が、観測のスケジュール、世界の装置群の割り当て、全体指令を行います。世界中の研究者に向けて、観測提案案内、観測マニュアル作り、受け付け等々も、VSOGが行います。

　VSOP計画の中で、私は長く科学主任（英語名ではProject Scientist）と呼ばれましたが、VISC共同議長、SRC共同議長、VSOG議長ということにもなっていました。つまり、なんでも屋です。実にむずかしい問題や、無数のことにも対処しなければなりません。どんなに苦しいときや、恐ろしいときでも、逃げも隠れもできません。それなのにたいした力はありません。火事場の「纏持ち」のような気分をよく味わいました。纏持ちとは、江戸時代の消防組の印をもって、火事場にいったら一番だいじと思った屋根のてっぺんに登って、決して引き下がらないのだといいます。なかなかできないことだと思いました。

　また、仲間のスタッフはすばらしいがんばりで働いて、この大きなプロジェクトを動かしました。日本では、研究条件が、おそろしいほど恵まれていません。外国に較べて、日本の研究者は本当に少ないメンバーでよくがんばっていたのです。さらによいことに外国人スタッフも優秀でがんばりやさんがそろっていました。時どき、故郷の戦国武将の村上義清や真田一族の戦いぶりが頭をよぎりました。衛星計画でこんなことを考えるのもおかしいですね。

実にむずかしく高価な衛星を、開発したてのロケットでの初飛行で打ち上げるのです。ロケット側だけでなく、衛星の不調で観測システムが動かない可能性だって、いくらでも考えられました。そんな中で、可能性を信じて先へ先へと世界にオープンにしてお金と労力をかけて準備していくことはそら恐ろしいことです。

衛星の打ち上げの時には、世界の関係科学者が何人も見にきてくれました。「成功するとは限らないのだから、あまりオープンにしないほうがいいんじゃないの？」といって心配してくれる人が研究所の中にもいました。しかし、VSOP計画というのは、初めから公開して準備していかなければならない性格の計画なのです。何かをそっと始めて、うまくいったら誇らしげに発表するという考えは、ありえないのです。前もってしっかり準備しておかなかったら、全体がなかなか機能しない性格の観測計画だからです。

これらの準備に、約10年をかけました。世界各所でいろいろな会合を開きました。技術検討、運用準備、観測プランを作ること、などなど。なにかにつけて思い出すのは、とにかく一番最初の1986年のイタリアのパドヴァで開かれた会議のときのことです。ESA（ヨーロッパ宇宙機構）、NASA、宇宙科学研究所、ソ連インターコスモスが、四大宇宙科学機関会議（IACG）を開くことになりました。その中で、スペースVLBIを論じる作業部会も作られて初会合が開かれたのです。これはすでに話しましたね。

★人とのつながり

ＶＳＯＰ計画を進めるときに、国際的な協力はとても大事でしたが、そこで人同士のつながりも大事でした。

なんといっても一番大きな協力をしたのはＮＡＳＡのＪＰＬ（ジェット推進研究所）でした。ＮＡＳＡはスペースＶＬＢＩに協力するために、「アメリカ　スペースＶＬＢＩプロジェクト」というチームを作りました。ＪＰＬのメンバーが主でした。穏（おだ）やかなジョエル・スミス博士がチームリーダーで、中心的な科学者がボブ・プレストンでした。そして重要な働きをしたデイブ・マーフィーとデイブ・マイアーとジム・ウルベスタッド。彼（かれ）らは打ち合わせや作業などのために日本に何十回と出かけてきました。もちろんこちらからも出かけていきます。

彼らの果たした役割を書いてみましょう。デイブ・マイアーは全体の科学観測のスケジュールを決めるソフトを作りました。審査結果に基（もと）づいて、どんな観測をいつどのような観測局が参加していくかを、何カ月以上にもわたって最適に決めていくのです。デイブ・マーフィーは、衛星のことを知り尽（つ）くしたソフトを作って、実際の観測シミュレーションをしてチェックし、どんな映像をだす力があるかまでシミュレーションできるようにしたのです。ジム・ウルベスタッドは、実際の観測にあたって、衛星、追跡局、電波天文台、相関局の間での通信とデータについてこと細かに決めて、スムーズに観測計画が動けるようにしました。これには宇宙研の電波天文グループの小林さん、村田さんなどがしっかり連絡を取り合っていきます。二人はどちらも、野辺山の5素子干渉計グループで博士号をとった一騎当千の若手研究者です。

日本チームとの長い付き合いを見越して、彼らは初めの頃に日本語をちょっと習ってきましたが、使いものにはなりません。それでもせめて、みんなで日本の歌が歌えるところを見せようではないかと考えたようです。そうして披露してくれたのが彼らのいう、「ゾウサンソング」つまり童謡の「ぞうさん」でした。長くない歌をうまく選んだものです。彼らの協力的な気持ちがうれしいと思いました。そうして、僕らはほんとうに仲のよい共同チームとなっていきました。

写真23：プエルトリコの城塞にてJPLの盟友たち（左からボブ・プレストン、デイブ・マーフィー、デイブ・マイアー）

日本のメンバーの数が少ないので、外国人研究者をたくさん日本に招くように心がけました。国際的な計画なので、外国人がいることも大切です。日本には、外国人客員研究員を招く制度があります。また、博士号を取得してまだ職についていない研究者、いわゆる「ポスドク研究員」を招く制度もあります。どちらも費用は日本側から出るのです。そこで、世界に目を光らせて、来てくれそうな優秀な人はいないか、また、紹介してもらえるようにたのんでおきました。一方では、このようなことは、宇宙科学研究所の中で競争になりますから、いつでも候補が出せるように狙っていました。こうした努力があって、私たちのグループには優秀な外国人研究者がそろっていました。

アメリカ、オーストラリア、オランダ、ロシア、中国、イギリス、フィンランド、などさまざまな国の研究者が2年、あるいは1年を相模原で過ごしました。そしてまた、さまざまな研究会、検討会、作業などのためにいろいろな研究者がやってきました。

世界とのあらゆる連絡ごとはすべて英語で行いました。通訳が入ることはまったくないので、英語が不得手な日本人には苦しいことです。それでも、専門の話になると通じやすいものです。ところが交渉ごとや、文書作業などは、やっぱり不得手です。VSOP計画の国際性を考えると、そこが問題です。

あるとき、オーストラリアのデイブ・ジョンシーが、「いいポスドクがいるよ」と連絡してきました。思慮深い彼は日本チームに必要な人材を考えていてくれたのです。「フィル・エドワードといって、日本の宇宙線研究所のポスドクもしたことがある、おすすめの若手研究者だよ」というのです。

そこでフィルを宇宙科学研究所のポスドクに呼ぶことにしました。初対面のとき、研究室に入ってきて、新しいテンガロンハットをはずした彼は、背の高い若きオーストラリアのジェントルマンでした。そうして長い付き合いが始まりました。彼は研究や検討のほかに、次第に国際的な「コミュニケーター役」をしてくれるようになりました。これは世界の仲間と伝え合うことで、世界もミッション側ももとめていたことです。彼と情報を共有して話していると、彼が的確に世界とやりとりしてくれるのです。また、２週間ごとに世界に向けて「ＶＳＯＰ報（VSOP Newsletter）」を二人で何年も発信し続けました。

大事な手紙や論文などの英語はフィルにチェックしてもらうようになりました。お互いがわかっているので、大して手間は取らないのです。そのかわり、「僕の英語はうまくならないな」と思いました。

映画「スターウォーズ」に小さな「Ｒ２－Ｄ２」ロボットとのっぽの翻訳ロボット「Ｃ－３ＰＯ」が一緒に出てきます。フィルと一緒のときにガラスに映る私たちは、これによく似ているなと思ったものです。フィルはポスドクを続けた後、宇宙科学研究所の正職員になりました。初の外国人職員でした。そして、ＶＳＯＰプロジェクトが終わってから、オーストラリアの電波天文台に職を得て、長い日本暮らしが終わりました。

写真24：研究室のフィル・エドワード

英語について

こうしていろいろな国の研究者と接しているうちに、話している英語を聴くだけでどこの人かがだいたいわかるようになりました。英語の訛りでだいたいわかるのです。そこに風貌、体格と名前が加わると、さらに確かになります。でも、最近は若い人たちが英語を自由に上手に話すようになって、訛りがわからなくなってしまいました。昔が懐かしく思えます。英語が得意でない私は、英語ではずっと人一倍苦労をしたと思います。これは日本の仲間でも同じだったでしょう。

話している英語を聴いて誰かわかるということは大事な場合があります。私たちは世界各所をつないで電話会議をよくしたものです。よくあるのは数カ国から10人ぐらい参加するというものです。耳で聴いただけでそのとき誰が話しているのかがわかると、話題についていきやすいのです。いろいろな国際電話会議では、地域によっては深夜や早朝になってしまいます。どんな時間に会議をするかにも気を使わなければなりませんでした。

コラム　ボロをまとったモンロー

衛星つくりと世界の組織つくりにがんばっているころ、小田先生の短い論文が『Nature』というイギリスの雑誌に掲載されました。それは、日本の政府の科学への取り組みが貧弱だというものでした。

NASAの関係者が宇宙研に来たとき、試験中のMuses-Bを見て、「ボロ布をまとったマリリン・モンローみたいだ」といったそうです。これにはちょっと説明が要ります。マリリン・モンローとはアメリカで大人気だった女優さんで、ここではすばらしいMuses-B衛星のことです。ボロ布とは、ここでは貧弱な宇宙科学研究所のことなのです。NASAのお客さんは率直に、「中での研究や衛星はすばらしいけれども、それをすすめる宇宙科学研究所は十分に手当てされていない」といったのです。小田先生は論文でこのことを紹介したのです。

ational
ASDA)
ucrats
merge
TA and
other
?
their
of the
esearch
, space
flexible

based satellite fo...
ferometry developed by the institut
large deployable antenna was like "
Monroe wearing vagabond's rags".
These statements highlight the
support for basic science in Japan. A
the government enacted the Basic Sci
Technology Law in 1996 to promot
and technology, only applications
research fields have so far benefited.
budgetary ceilings for the next fi
which begins on 1 April, for institu
ISAS and the National Astronomi
vatory have been drastically lowere
It is hoped that the merger of M
with the STA, which is faring be
cially under the law, will bring mu
new funds to basic science. Bu
'bottom-up' approach will be
Minoru Oda, a former director gen
nd former president of RIKEN, is
iversity of Information Science, Yato-
ba-shi 265, Japan..

Nature, Jan.

図 15：小田先生と『Nature』論文、そして
ボロを着たマリリン・モンロー（筆者画）

これを読んで私は、ボロ布を着たマリリン・モンローの漫画を描いてみました。小田先生はこの絵をたいそう気に入ってくださいました。あるとき先生はわが家に電話をかけてこられました。

「ねえ、あの漫画を使いたいんだけど、ファックスで送ってくれないかな？」こうしてモンローは小田先生のお宅に伝送され、きっとその姿は何かの委員会か講演会で聴衆を魅了した？　のかもしれません。

小田先生はスケッチがお上手で、優しい花の絵をお描きになりました。野辺山のホテルで花の絵展をされたこともありました。

電波天文衛星「はるか」の誕生

１９９５年12月から１９９６年4月まで、横浜科学館のプラネタリウムでは、「打ち上げせまる電波望遠鏡」と題して投影を行いました。ここで一般講演をしたあと、Ｍ－Ｖロケットが打ち上がり、Ｍｕｓｅｓ－Ｂが宇宙を飛ぶシーンを見て、ああいよいよだなと実感しました。

★打ち上げ　内之浦にて

１９９６年末、Ｍｕｓｅｓ－Ｂはいよいよ打ち上げ場のある内之浦に向かいました。私たちは衛星試験棟からトレーラーに乗って去っていくＭｕｓｅｓ－Ｂを見送りました。私たちが手のとどかないところへＭｕｓｅｓ－Ｂの最初の見送りです。ここでなぜか一同はしんみりとして、涙がでてきました。

宇宙研のロケットの打ち上げ場は内之浦（鹿児島県肝属郡）の海辺にあります。

打ち上げ準備の間、私たちは内之浦の町の旅館と民宿に分宿していました。泊まった宿から発射場

写真25：祠にそなえられた10本の一升瓶

までは、朝夕の専用バスで移動しました。しかし、歩いて行くと、人気のない田んぼの間を抜け、山道を登り、峰を越え、1時間ぐらいかかったでしょうか。時には一人でこんな道をあがってみました。

内之浦にきてしまうと、私はとくに忙しいわけではありませんでした。でも、緊張していたのでしょうか。ご飯を食べても味に気がつきませんでした。体の中を風が吹き抜けているような感じで、生きている実感がしなかったのです。

内之浦の発射場は東の海に向かって崖が落ちていました。敷地の外を歩いてみると、意外なところまで道が続いていて、ひょっこりと民家があったりしました。ちょっとした狭い高台からは海が気持ちよく見おろせました。これは心の中で、「天空のマチュピチュ」と名づけました。小さな長坪部落には小さな祠があって、日本酒の一升瓶が10本も供えてありました。よく見ると、それは打ち上げ実験のグループが供えたものでした。ここにお願いに来ていたんだなと、ほほえましく感じました。

乳牛が飼われていました。打ち上げのときはびっくりするのだろうか、退避するのだろうか、牛に聞いてもわからないことでした。

こうして、不思議な感覚で1日、また1日と過ぎていきました。時には全員が集まっての「全打ち」という打ち合わせ会が開かれました。「全員で真剣勝負に臨むぞ」という感じですね。

発射場での衛星チェックが済むと、衛星はいよいよロケットの先端に取り付けられて、打ち上げのための新たなチェックが始まります。

予定された2月11日の発射は天候不順のために1日延期されました。そこにはただ空白のように感じられる日がありました。

１９９７年2月12日、午後1時50分、宇宙科学研究所のM‐Vロケットの1号機で、いよいよ内之浦から打ち上げです。私たちは朝早くから打ち上げ場に向かいました。

カウントダウンが始まりました。それはもどることなく、いやおうなしの勢いで進み、打ち上げ時刻が迫ってきました。このとき、衛星チームの持ち場に座っていましたが、計画をずーっと押し進めてきた身としては、息づまる時でした。

カウントはゼロになって、打ち上げの響きがつたわってきました。打ち上げを肉眼で観ることはできませんでした。リアルタイムでモニターテレビは観ていましたが、生身の身体がロケットとともに打ち上がっていくような感じがしました。肉体がゆすぶられるようでした（口絵15）。
衛星は3段目までで220kmの高度に達していますが、ここで4段目のロケット（キックモーターと呼びます）で、長楕円軌道に打ち出しました。衛星は90分後に太陽電池パネルをひろげて、地球を1周して約6時間後にもどってきました。

衛星が地球を1周して生きてもどってきたときは、うれしいものです。ロケットグループはヘルメットをかぶって発射台の近くの地下壕の管制室にそろっていました。試験飛行なしの初回で見事な打ち上げを果たしたロケットグループの喜びは大変なものだったはずです。冷静極まるM－V開発主任の小野田淳次郎さんが喜びで涙を流したと聞いて、心からエールを送りたいと思いました。

ロケットグループは、衛星が宇宙に放り出され軌道に乗ると、責任を果たしたことになります。ところが衛星グループにとっては、6時間ほどの軌道を1周して衛星が生きて帰って来たときの信号をとらえた（「入感」といいますが）時の喜びが、ほんとうの『いのち』が芽生えたように感じる時です。この時に、衛星はすでに太陽電池パネルをひろげ、一つの生きものとしてもどってくるのです。もうへその緒も切れた赤ちゃんが自分で呼吸しているのと同じで、衛星の電源は自分で作っています。「うわー、地球を回ってきたぞー」という実感で喜ぶのですが、衛星の状態チェックなどのやりとりをしたかと思うと、また衛星は、2周目に向かって飛び去っていってしまいました。

なにもかにも初めての経験です。初めて赤ちゃんを出産したお母さんも同じでしょうか。衛星が生きものになる瞬間、感動的な場面です。

写真26：打ち上げ成功によろこぶ世界の主要な電波天文学者たち（左から P・ダイアモンド、R・スキリッチ、D・ジョンシー、R・プレストン、森本さん、R・ブース、P・エドワード、D・マーフィー、B・バーク）

★記者発表「はるか」の誕生

M－Vロケットは、大きな会議室で何百人もの関係者があつまって祝杯をあげました。大きな紙に全員が寄せ書きしました。

打ち上げられた軌道は、遠地点高度（地球から一番遠いところの高さ）2万1600㎞の長楕円軌道でした。Muses－B衛星は、衛星軌道に乗ったところで記者発表が行われました。

記者発表では宇宙研側の代表者が簡易テーブルに一列に並んで報道陣に向かいました。松尾宇宙研所長、上杉実験主任、小野田ロケット主任、雛田安全主任、廣澤衛星主任、科学主任である私、それから的川広報主任、等々が発表側です。いままでのM－3S－Ⅱロケットに較べて2・5倍の打ち上げ能力の新ロケット誕生、そして電波天文衛星Muses－Bが軌道に乗り、「はるか」と名づけられたことが発表されました。二つの喜びの発表です。

さらに衛星の各部のチェックを素早く済ませ、姿勢、軌道を確認して、衛星は、地球を回る安全な高度に上がる必要がありました。地球のまわりには薄いけれど大気の層があるので、低いところにグ

写真 27：打ち上げ成功の記者発表

ズグズできません。遠地点（地球から一番遠い点）側で衛星自身のジェット噴射で加速し、近地点高度（地球に一番近い高さ）をあげる事を、4回にわたって行いました。こうして、近地点高度を５６０㎞にあげて、軌道周期が約6時間20分の観測軌道に入りました。

打ち上げのこの日は長い1日でした。今思い出しても前後関係がよくわからず、いつどう寝たのかも思い出せない1日でした。

個人的なことですが、上杉さんは歴史上有名な米沢上杉家の現在の頭領です。廣澤さんは会津松平藩の家老だった家の出です。幕末に京都守護職にあたった主君の松平容保を京都で支えたりしたようです。そんな関係者が今回の打ち上げの実験主任と衛星主任だったのはおもしろい組み合わせだと密かに思いました。それが当時は敵対した側の薩摩（鹿児島県）でロケットを打ち上げ、衛星を誕生させたのです。こんなふうに科学活動がすすめられることが、１００年以上前に想像できたでしょうか。

衛星名が「はるか」と決まることは、記者発表に向かう廊下を歩きながら廣澤衛星主任から耳打ちされました。これまでに衛星の候補名を受け付ける箱があって、これを参考にして何人かが寄って「はるか」と決めてくれたのです。Ｍｕｓｅｓ－Ｂで馴れ親しんできた8年間が長かったので、「はるか」と聴いて実感がわきませんでした。それからだんだんに時間をかけて「はるか」に深い親しみをおぼえるようになっていきました。この本でもこれからは、「はるか」と呼ぶことに切り替えますね。

「はるか」という言葉には明るくのびやかないい音の響きがあります。「はるか」という名の子に出会うと、「もしかしたら衛星『はるか』に関係があるのかな」と思うのです。打ち上げから何年だっけ、この子は何歳ぐらいだろう。同じ数だったら、衛星にちなんで名前がつけられたのかなと考えたりするのです。

「はるか」が打ち上がった頃、木から降りられなくなって啼いていた子猫を助けて飼い始めて、名前を「はるか」にしたという人もいました。宇宙科学研究所の図書室の司書さんでした。「ＨＡＬＣＡＴ」ですね。そうそう、「はるか」の英語名はＨＡＬＣＡなのです。「通信天文高機能実験室」という意味がこめられています。

宇宙の「はるか」にたいしてまずは基本となる衛星のチェックが行われました。

★アンテナ展開

電波天文衛星の一番の特徴である電波天文アンテナは、内側の直径が8mのパラボラですが、さしわたし10mともいえます。6弁ながら大きく開いたユリの花のような感じです。あるいはツツジ。畳んだときの網を後ろからそっと押さえるために、ガクにそっくりなものも6枚ついています。

アンテナ展開のため、打ち上げから2週間後に、約40人の専門家集団が、管制局のある鹿児島に集結しました。2月25日から4日間にわたるアンテナの展開のためでした。アンテナ展開もまたプロジェクトの大きな山場です。このために内之浦にいくとき、心はとぎ澄まされて、『うまくいっても誇らず、失敗しても卑屈になるまい』と思いさだめて出かけました。

平家物語の平知盛のことを思い浮かべました。知盛は源氏との「壇の浦」の負け戦の修羅場の中で、船の中を片付け、『見るべき程の事は見つ（見るべきものを見た）』といって海に沈みました。「チームはやるべき事はやったのだ、あとは人智の及ばぬものが決める。それに従い、それを見て来よう」、そういう想いで、内之浦に向かったのです。いわば、壇ノ浦ならぬ『内之浦の合戦』ですね。

まずは副鏡を主鏡の焦点まで伸ばして固定します。これはうまくいきました。次は一番むずかしいアンテナを開くことです。

アンテナを開くために、まず初めにしたことは、太陽の方向がうまく衛星を温めるようにすること。宇宙では太陽光があたるところは大変な高温になります。逆に日陰では冷えこんでしまいます。アンテナは各部分の温度がまちまちで、高温で伸び、低温で縮み、無理な力がかかっています。そのまま伸ばしていくと、なめらかに伸びるわけにはいかず、ひっかかってしまうか、壊れてしまうでしょう。そこで、衛星と太陽の向きを注意深く、具合のいい方向に向け、温度がうまい範囲に入るようにしました。

それから、3～4日目が主鏡面の展開。6本の柱を慎重に伸ばしていきながら、衛星の状態をモニターします。アンテナが開いていくときの、いろいろな部分の温度、長さ、電流などは慎重に地上でモニターできました。6本の柱はモニター画面で棒グラフのように伸びていきました。そして6本のグラフがそろって伸びきったときが、アンテナの展開が無事に終了したときでした。そして、チームの拍手が起こったのです。ドキドキする4日間でしたが、成功しました。アンテナが無事に開いたのです（口絵8、16）。

その後、「はるか」が輝きながら一つの光の点として宇宙を飛ぶ姿が、地上の光学望遠鏡につけたCCDカメラでとらえられ、NHKテレビで放送されました。

アンテナが開くとすぐに確認したいのが、宇宙からの電波を受けることです。こうして、長い波長から順に受信実験を行いました。18㎝でも6㎝でも天体からの電波が受かりました。うれしいことでした。望遠鏡では、とにかく初めて光や電波が通ることを「ファーストライト（最初の光）」といってよろこびます。

ところが波長1・3㎝ではファーストライトを受けることができませんでした。これはショックなことでした。この原因は、アンテナからの電波を受けたフィードという部分と受信機をつなぐ部分が、打ち上げ時の強い振動で壊れてしまったのかと考えられます。ここはアンテナと衛星本体の結合部分で、違った揺れかたの交わるところだったのです。製作時にとても神経を使ったところでしたが、ほんとうに残念なことでした。

★「はるか」とスペースVLBI基礎実験

観測されたデータはどうやって集められて最終的な映像となっていくのか、ちょっと復習です。まず基本になる方法が、前にでてきたVLBIという観測法です。VLBIというのは、たくさんの電波望遠鏡が一体となって、圧倒的に解像度のよい電波望遠鏡ができるのですが、その考えは宇宙にも拡げていけるのです。ただし、軌道上のアンテナは秒速何㎞というような高速で飛行しているので、その位置を正確に知ることが大切です。また、「はるか」が天体から受けとった電波は地上に伝送されて磁気テープに記録されます。そして相関器でデータを突き合わせ、それから天体の映像を作りだすのです。

「はるか」は、精密基準信号の伝送、大容量データ伝送、高精度大型アンテナ展開、精密軌道決定など、Muses‐B衛星のめざした工学実験が、次つぎに成功していきました。そこで、すべてを総合的に稼働させて初めて、電波望遠鏡がとらえた電波同士を干渉させる実験（干渉実験）に入ることができます。この場合は、はるかのとらえた電波と、地上の電波望遠鏡のとらえた電波をかけ合わせるということです。

私たちは、必死でいくつかの山場を越えていきました。それぞれが一つずつ達成できました。幸い、もう逃げ場がない、岩山でいったら登るしかない、先で行き詰まって死ぬのかも知れない、転落するのかも知れない、そういう先のことが気になるものですから、何カ月も、安心したり心からよかったと思うことはありませんでした。幸運の女神に意地悪をされるかも知れないと思いました。ご飯を食べながら、喜んで気を抜いていたら、胃の中で消化されていないような、不安とともにいました。

これらの基礎実験をもとに、スペースVLBI観測を行うために必要な、「はるか」と地上電波望遠鏡との「干渉実験」を、1997年5月7日に組織しました。観測天体は天秤座のクェーサー1519-273、観測波長は18㎝です。「はるか」の8mアンテナで受けた信号は、「はるか」追跡用に作られた宇宙科学研究所臼田宇宙空間観測所の10mアンテナに中継され、天体の地上観測局として臼田64mアンテナ、通信総合研究所関東支所（鹿島）34mアンテナが参加しました。10mアンテナは、「はるか」が必要とする水素メーザー発振器（原子時計）の基準周波数の波を「はるか」に伝送する事、「はるか」の受信データを地上で受けとる事、これらの上り（アップ）下り（ダウン）の電波を較べて正確な軌道情報を得る事のために必要です。

写真28：臼田64mアンテナと「はるか」追跡用10mアンテナ

「はるか」で観測された受信信号は、その波の情報を保存して記録しなければなりません。そのため、「はるか」は、128Mbps（1秒間に1・28億ビット）の高速通信で臼田10m局にデータを送ってきます。臼田と鹿島のそれぞれの局では、正確に時刻をあわせて一緒に観測します。衛星「はるか」の管制には、いつもどおり、宇宙科学研究所の鹿児島20mアンテナを通じて相模原衛星センターがあたります。「はるか」8m―臼田10m局、臼田64m局、鹿島34m局の、それぞれで記録された磁気テープは、精密に決定された衛星軌道データをもとに、国立天文台におかれたVSOP相関器によって相関処理されました。その結果、5月13日、「はるか」―臼田間で突き合わせに成功して干渉が出ました。また、一緒に参加した鹿島局のおかげで、この実験全体がうまくいっていることが確認できました。

　これによって、「はるか」と地上アンテナが、VLBIとして連動して働く事が確認されました。あとは地上の観測アンテナをたくさん組み合わせると、全体として、超大口径の電波望遠鏡アレイ（集合体）ができます。したがって、この実験の成功は、スペースVLBIによる超大口径の電波望遠鏡の実現への峠を越えたという事ができたのです。長年の夢であった、VSOP観測計画への道を拓くことができたのです。

ここまでくれば、頂上に至る道が見えたと思いました。さっそく記者発表をしました。電波天文学の歴史を拓いたという喜びがあったからです。

しかしまだ天体の画像が出ているわけではないので、記者さんたちは記事が書きにくそうでした。記者さんには、干渉ができたという科学的な重要さがよく理解できなかったようです。干渉よりも、次の段階、すなわち観測画像が記者さんには必要なのだと感じました。

★3万kmの瞳、初めての電波画像

ここまででも長い長い道のりでした。干渉実験をもっと大がかりに組織すれば観測実験に進むことができます。いよいよ、VSOP観測のはじまりです。初のスペースVLBI観測実験には、「はるか」とアメリカの追跡局（ウエストバージニア州グリーンバンク局）、そしてVLBA電波望遠鏡群（8000kmに広がるVLBI専用電波望遠鏡群の25mアンテナ10局）とで行われました。VLBAは強力なVLBI専用局ですから、絶好の相手で信頼をおくことができます。

観測天体はクェーサーPKS1519-273とJ1156+295、観測波長は18cm（周波数1・6GHz）。アメリカ国立電波天文台（ＮＲＡＯ）のソコロ（ニューメキシコ州）の相関装置が、データの掛け合わせ（相関）を行いました。そしてその結果をもとにして、とうとう解像度１０００分の１秒での電波画像作りに成功したのです。

「はるか」の実現によって初めて地球を超えたサイズの電波望遠鏡ができました。１９６７年のＶＬＢＩ実験の成功からちょうど30年後に、こんな凄い電波望遠鏡を作るところまできたのです。電波やエレクトロニクスの基本にあるのは電子という粒子ですが、電子が発見されたのはまた、このときからちょうど１００年前の１８９７年、あのキャベンディッシュ研究所のトムソンによってなされたことに気づきました。

待ちに待った初めての画像が宇宙研のワークステーションの画面に浮かび上がったとき、それは深みのある宇宙に浮かんで、ほんとうにそこにあるように見えました。アメリカ国立電波天文台からきていたエド・フォマロン博士と一緒にこれを見てから、昼の時間だからと食事にいきました。あの昼ご飯の間、感動を心でかみしめて、ほとんど無言だったことを覚えています。フォマロンさんも同じ感動に浸っていたのか、こちらの感動を感じてくれていたのか、無言でいてくれました。とうとう観測画像がでたのです。何かに許されたような気がしました。思えば構想から十数年、気が遠くなるような道を踏み越えてきたのでした。

フォマロンさんは野辺山電波天文台ができて5素子干渉計が完成に近づいていたころ、野辺山に参加して初めての映像ができるところを経験した研究者でした。干渉計型の電波望遠鏡のことを世界

写真 29：フォマロンさんと筆者

でもっともよく理解していた人といってもいいでしょう。フォマロンさんはあるとき、「私は、干渉計ではありとあらゆるマチガイを経験してきました」と、謙遜がちな言い方をしたことがありますが、これは裏を返せば強い自信をあらわしています。フォマロンさんは、スペースＶＬＢＩでもマチガイを経験しながら、ほんものを求めたいと思って宇宙研に客員教授として滞在していたのでした。

更に、７月11日には、観測波長６㎝（周波数５GHz）で干渉実験が成功しました。わざわざこう書いたのは、ＶＬＢＩ観測では、波長が短くなるにしたがってむずかしさが増していくからです。

そして、７月20日に、アメリカの同様の協力を得て、クェーサー核1741-038の波長６㎝の映像作りに成功しました。波長18㎝に較べて、更に３倍の解像度（10万分の33秒角）を達成しました。この解像度は、ハッブル宇宙望遠鏡の０・１秒の解像度の約３００倍の性能、すなわち、ハッブル宇宙望遠鏡で一つの点に見えるものを10万点にも分解して見えることになります。

さあ、記者会見です。前回と同じ記者さんたちの集まりやすい都心の霞ヶ関ビルの22階です。記者さんたちはそれぞれ記事を書いてくれましたが、電波天文の新しい手法での見慣れない映像に、とまどい気味のようでした。

ところで、天体の話が出てくると、「それは何座にあるか」ということを聴かれることがあります。星座を形作る星ぼしは数光年から数千光年という近い範囲にあります。ところが私たちはいま、何十億光年という遠方のとてつもない天体を問題にしています。こちらは星座のことはお構いなしで科学的意味などないと思っています。しかし、記者さんは、その天体が何座の方向にあるかを伝えることによって、読者に実感をつかんでもらおうと仲介の努力をしているのです。私たちがあつかう天体は想像を絶するようなものだから、それが現実感とつながらなければいけないのです。あるときにこのことがわかってからは、記者さんに会う前に、その天体の属する星座を調べておくようにしました。

さあ、これからは一緒に巨大な瞳を合成するため、世界のたくさんの（アメリカ、ヨーロッパ、オーストラリア、日本、中国、ロシア）電波望遠鏡が協力します。世界の多くの機関や天文台と協力した複雑なプロジェクトなので、国際的な取り組みは実に大変です。全世界がスムーズに動いていけるのでしょうか。誰も経験した事のない試みです。これは、もちろん科学のために必要な試みですが、重要な副産物があると思いました。人類の共同の営みという経験です。それは間接的に平和につながると思うのです。

★ふたたび穂高の峰へ　1997年9月20日

ＶＳＯＰ計画全体が滑らかに動いていく見通しがつきました。世界が動き出しているのが感じられました。

秋の穂高岳に登ることを考えました。高い山や岩場が登れない私には、穂高は憧れの北アルプスの山です。以前に西穂高岳に登ったので、こんどは反対側から奥穂高岳に登ろうと思ったのです。新宿から高速深夜バスに乗って上高地へ、そして早朝から妻と梓川をさかのぼりました。穂高の峰々に囲まれたカール（氷河の痕）、憧れの「涸沢」に到着、ここに来たのは初めてのことでした。そこから奥穂高岳をめざし、ザイデングラードという長い傾斜の岩の路をアリのように苦労してあがってとうとう稜線に至りました。さらに奥穂高の頂上にあがると、西穂高岳とそれにむかうすごいルートが見えます。写真であこがれて見るジャンダルムの峰が見えます。

奥穂高小屋での夕食の後、山小屋のご主人がロビーでスライドを見せてくれました。鮮やかな紅葉や山容がこの上なく綺麗に見えました。みんなが寝静まった後も、寝るのがもったいなくて、一人でロビーに残って丸くなって寝転んでいました。美しい涸沢、穂高の峰、「はるか」のこと、考えているともなく、悲しいわけでもなく、なぜか涙があふれて止まりませんでした。私たちの計画がよくこここまできてくれた、そんなことを考えたのです。

翌朝、となりの涸沢岳にも登ってみました。すると、北穂高のほうからの女性クライマーが下からひょっこりと現れました。そこから先は深く落ちた岩場でのぞくのもこわいほどでした。そして同じザイデングラードの岩道をつたってまた涸沢カールに降りて、また梓川ののどかな左岸に沿って上高地にもどりました。特別な３日間の休みでした。思えば計画の成功を実感しに行ったような山行でした。

国際的な仲間と、観測計画が整ったら、世界に宣言しようと決めていました。そして思わくどおりの10月１日、「ミッションが成功して国際観測に入る」という宣言を発しました。

自然な集中

衛星を作り、世界の組織を作り、打ち上げから観測実験、本観測までの10年近い月日は、天文学の結果が出ない我慢の時代です。私たち一人ひとりはこういう時代を耐えていかなければなりませんでした。それぞれの研究者はどうやって過ごしたのでしょうか。私は、忙しい中でむしろ気分を変えて、時間を工夫して剣道の稽古を続けるようにしました。人は忙しくすることと正反対のことをするのがいいと思ったのです。

こんな中、２００１年８月、何度か落ちた六段昇段試験を宇都宮まで受けにいきました。この直前になって、稽古で左上腕を傷めてしまって痛みで竹刀を振ることができなくなってしまいました。棄権をしようかと思ったのですが、立会いではただの一振りに賭けようと思って冷やしながら出かけました。簡単な素振りをして立会いに臨みました。その一振りで打ち抜けて振り返って構えた（これを残心の構えといいます）ところで「止め」の声がかかり、すっと自然に集中が解けるのがわかりました。審査ではもう1回の立会いがありましたが、覚えているのはこれだけです。かたくならずにこのような「自然な集中」を経験したのは初めてのことでした。そして合格の結果を目にしました。しかし、その後はこのような集中ができるかというとできないのです。

悲しいできごと

悲しいできごとも記さなければなりません。２００1年3月1日、最大の理解者の小田先生が亡くなりました。喪失感と深い悲しみを味わいました。ここで、驚くことが起きました。先生のあとを追うように、X線天文衛星「あすか」が、亡くなられた翌日の3月2日14時20分ごろ大気圏に突入して燃え尽きたのです。

3万kmの瞳で見えてきたこと

それでは、VSOPで、わかり始めたことを書きましょう。

はじめに、宇宙論的スケールの遠方のクェーサーの例を示します。クェーサーとは、遠くの銀河の中心が激しく光っている天体でしたね。

★125億年前に超巨大ブラックホールが

口絵17は、一番右（西）側の明るい成分が中心核で、ここに回転する巨大ブラックホールが存在すると考えられます。そこから左に一直線に125光年にわたって数個の成分が数珠つなぎに飛び出して見えています。地上での観測と結び付けて分かる事は、右端の核から左にいくほど、電波を出しているプラズマの電子のエネルギーが、低くなっている事です。VSOP観測を何度か行うと、その動きをとらえる事ができます。一直線から外れたところに（核から220光年ほど離れて）別の広がった成分が見えています。

次の口絵18は、ＶＳＯＰで観測したもっとも遠方のクェーサーの一つです。１２５億光年の距離といえば、宇宙の地平線を１３８億光年としたときの9割の距離、宇宙が始まってから今までの1割という頃のクェーサーの姿をとらえています。１２５億年も前に、あるいは宇宙が始まって13億年で、このようなクェーサーがすでにあったのです。ということは、超巨大ブラックホールもこのころにはすでにあったのですね。

南北の広がりは、１２４光年になります。観測波長は18㎝ですが、このような遠方にあるので、宇宙が広がったために、天体から出たときは４㎝の波長だったはずです。

このような遠方天体の撮像観測では、ＶＳＯＰは他のいかなる観測装置にたいしても圧倒的な解像度を示します。逆に、他の波長帯の映像と較べようにも較べるものがないということになります。

つぎつぎと観測が行われ、このうちから図16のように絵４枚を載せて、『サイエンス』という科学雑誌に発表しました。『サイエンス』は、科学を広くあつかういい雑誌ですから、これで世界の多くの人に読んで欲しかったからです。著者は総勢53人になりました。著者として誰を入れるか、どんな順番で載せようか、これは、論文そのものを書くことよりむずかしくて悩ましい問題でした。関係者と誠意を持って連絡をとり、時には毅然と決めなければなりません。53人というと、私の通った長野県の村の小学生の頃、一クラスの人数でした。第二次世界大戦が終わってしばらくのころ、子どもたちの数が多かったころのことでした。さらに大がかりの物理の素粒子実験などの論文では、何十、

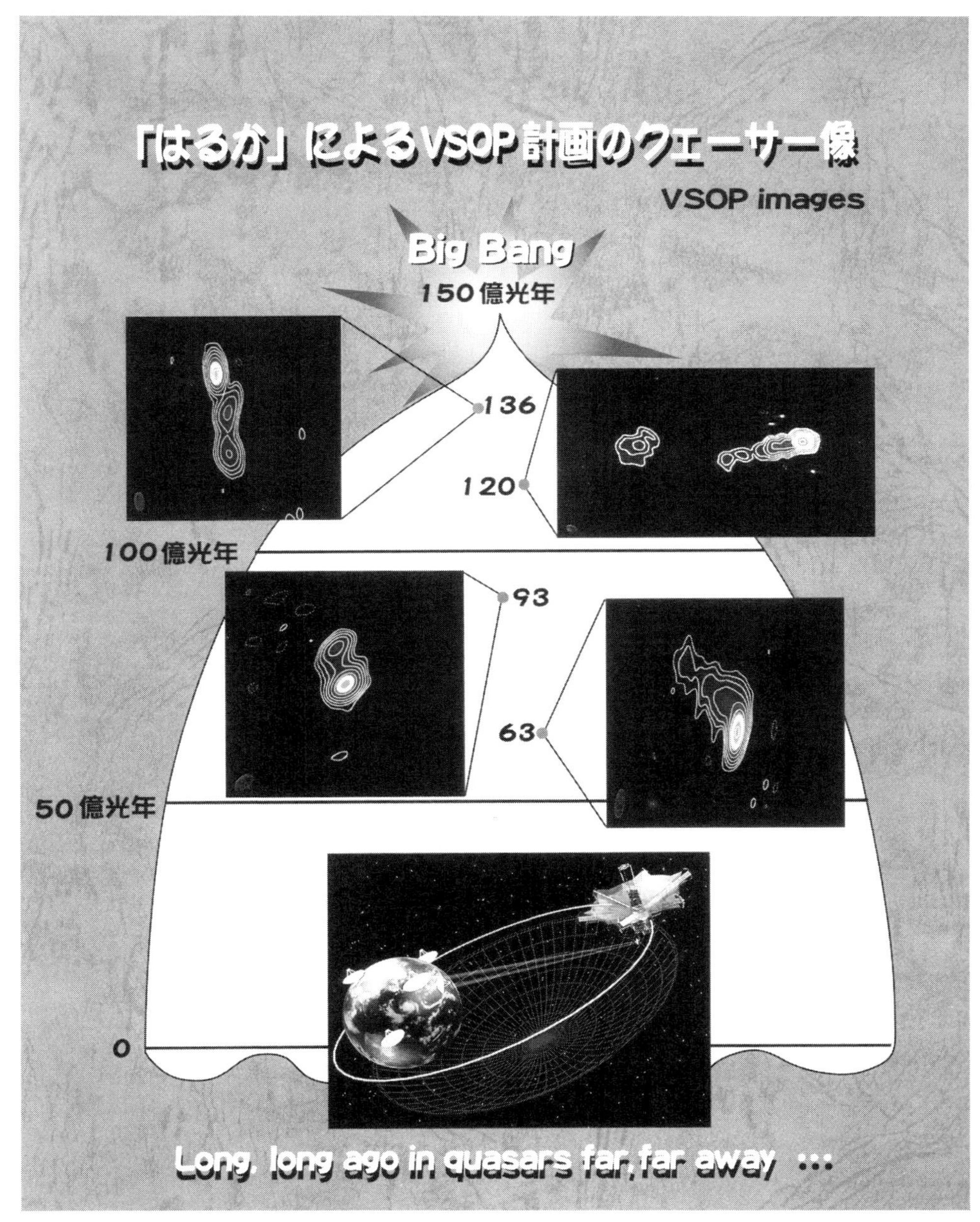

図 16：活動銀河核は宇宙の遠い過去から存在している。遠いものはその分だけの過去を反映している（この絵を作ったときは、まだ宇宙年齢が 138 億年とわかっていなかったので、150 億年として描いてある）

何百という著者がならんだ論文はよくあることのようです。

★超巨大ブラックホールの周りで

私たちのいる銀河の外には、またたくさんの銀河がありますが、その中には、中心から銀河をかき乱すような激しい現象が起こっているものがあります。この激しい銀河の活動では、100億光年というような距離にあっても、電波が届くのです。VSOP計画ではこんな遠くのこのような姿を描き出す事ができます。そして、遠くを観るとそれだけ、過去の姿が見えるおもしろさがあります。

VSOP計画が観測したものの中で最も重要なものは、特別な銀河の中心での不思議な現象です。VSOPは、遠いものにその威力を発揮するだけでなく、距離が近い活動銀河核ではその領域の様子を詳しく観ることができます。

乙女座、かみのけ座の方向、6千万光年の距離を中心として、数千個の銀河が群れていて、私たちの銀河はそのはるかな裾にあります。この銀河群を「乙女座銀河団」といいます。この中心部に最大級の楕円銀河M87があります。M87は私たちの銀河より、ずっと重いのです。その中心から約1万光年にわたる光のジェットが出ているのが知られています。

1999年、アメリカ国立電波天文台のオーウェン博士のグループは、高感度の電波望遠鏡VLA

（Very Large Array　25ｍアンテナ27基が40㎞のさしわたしの平原に並んでいる。49ページ写真11）でＭ87を観測し、ジェットを取り巻いてさらにさしわたし40万光年にわたって電波の輻射が周辺宇宙空間にひろがっている映像を発表しました。比較的波長の長い91㎝で観測したのですが、こうすると、エネルギーを失って漂うずっと昔の高速電子を見ていることになるのです。

　ハッブル宇宙望遠鏡は、Ｍ87の中心部の光のスペクトルを調べることによって、ジェット方向を軸として回転していることを見出しました。その回転スピードと釣り合うために、太陽の24億倍の質量が中心に集中していると考えられます。これがブラックホールだとすると、そのシュバルツシルト半径は70億㎞となります。太陽と地球の間の距離は1億5千万㎞ですからこれよりずっと大きく、冥王星軌道半径60億㎞より大きいのです。まさに超巨大なブラックホールですね。

　一般に銀河核にある超巨大ブラックホールはとても大きいので、距離が遠くても見かけの大きさは大きいのです。これにくらべて私たちの銀河の中にある星のブラックホールは大きさが１００㎞ぐらいですから、距離が近くても、見掛けの大きさは小さいのです。ですから大きな電波の瞳で観たいブラックホールは銀河核の超巨大ブラックホールなのです。

　Ｍ87のジェットのまわりは、私たちから見て時計回りに回転しています。光のドップラー効果からわかる速度と向きから、回転の向きがわかるのです。

「はるか」とすでに何度も出てきたＶＬＢＡ（アメリカ８０００㎞に展開する25ｍアンテナ10局）が共同して、Ｍ87のジェットの付け根に着目して、波長18㎝で観測を行いました。観測の解像度は１０００

分の1秒角です。これは、この天体を0・25光年の大きさで見分けることができます。中心のブラックホールの大きさ（シュバルツシルト半径）は70億kmなので、分解能はブラックホールの大きさの150倍のサイズまで迫っています（口絵20）。

驚くことに、ジェットはゆるやかな1光年程度の太さの中空の形をしています。中心が明るく、それから次第に暗くなり、10光年ほど先までこの模様がたどれます。このゆるやかな螺旋が広がらずに、さらにずっと大きく1万光年にもわたる収束した細いジェットを作りだしているのは、たいへんな驚きです。

この高速で大規模なジェット現象には、磁場が密接に関与していると考えられます。電離したガスは、磁場と一緒に動きやすいという性質があるのです。巨大ブラックホールに回転しながら落ちこむ渦とジェットは、磁場の力が作用して、加速された高速電子が磁場に巻き付きながらシンクロトロン放射を出していると考えられます。この形がどのように変化、あるいは移動していくかは、たいへん興味のあるところです。また、これまでの地上観測から、ジェットは光速の6倍（！）で外に吹き出しているように見えているのです。

★ブラックホールからでるジェット

クェーサー3C273も昔から興味ある天体で、光でも電波でも同じところにジェットが見えてい

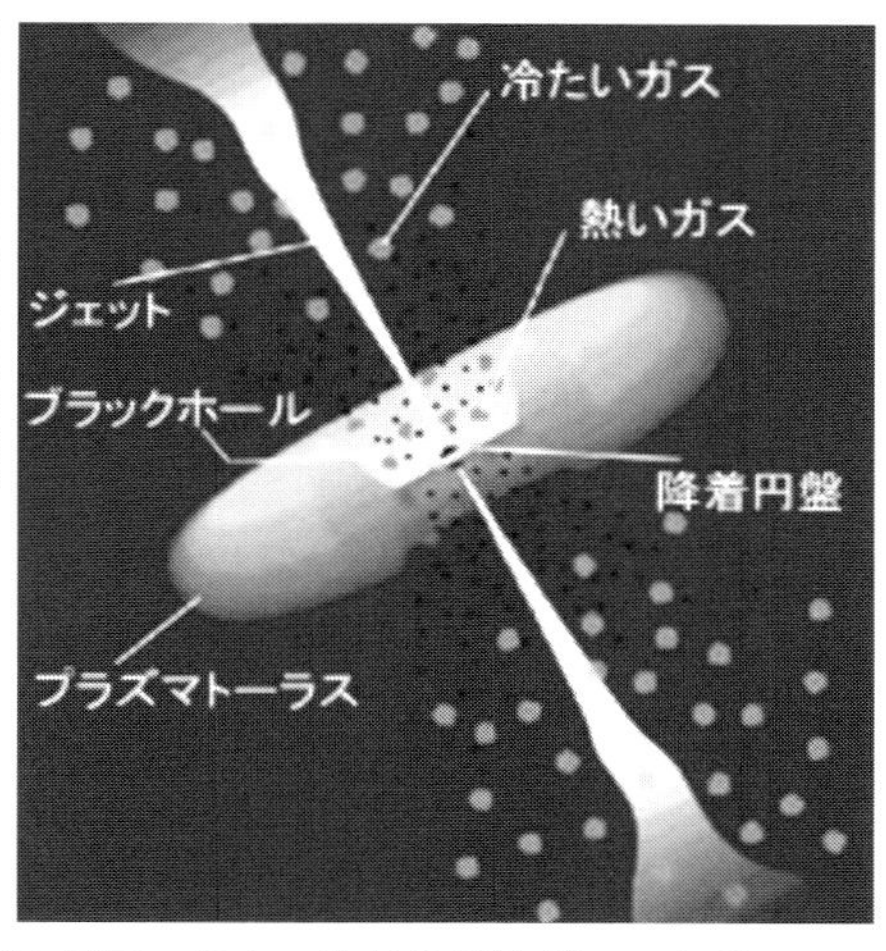

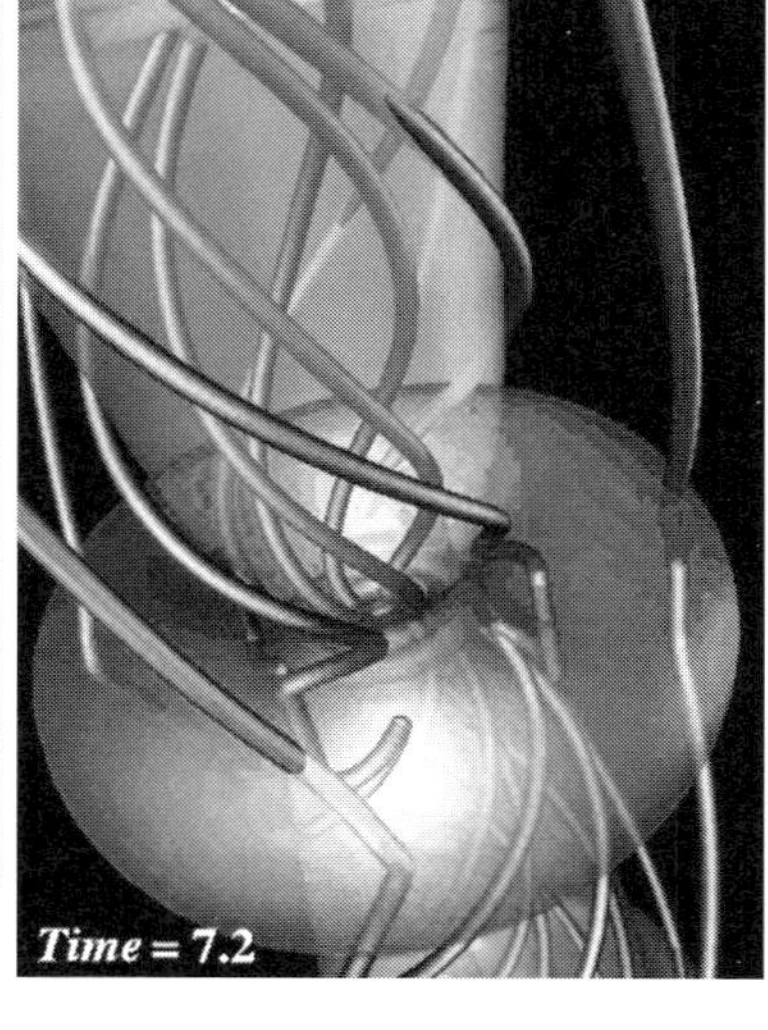

図 17：ブラックホールからでるジェットの
想像図と数値シミュレーションの例

ます。ＶＳＯＰでこの芯を高解像度で観測すると、ジェットの根元は一直線ではなく激しく乱れた筋として見えました。さらによく観ると、２本の乱れたジェットがからみ合って噴出するようにも見えます。ジェットができるときの不安定性によるものだと考えられます（口絵19）。

電波の振動のかたより（偏波といいます）を観測する事で、ジェットの中の磁場の様子をとらえる試みにも成功しました。シンクロトロン放射は磁場にからみつく電子がだすので、振動の偏りは磁場と関係があるのです。このような研究も進められました。

ブラックホールに落ちこみながら渦を巻くプラズマから、どのような機構でジェットがでるのかは、十分にはわかっていません。それだからこそ、観測からすこしでも姿が見えたとたんに、大事なヒントになるのです。相対性理論もとりいれて、ブラックホールの周りの回転円盤からジェットができるシミュレーションが、スーパーコンピューターを使って行われていますが、どれが現実に近いかもいずれわかることでしょう。

★ジェットを直視する

活動銀河核からのジェットがすさまじいことがわかりましたね。さて、観測者がこのジェットの正面にいてジェットの方向を見たらどんなことになるのでしょう。

ジェットの真正面から観ると、相対性理論の効果によって、非常に明るい輝きが見えるはずです。クェーサー1921-293は、射手座方向、37億光年の距離にあります。「はるか」打ち上げ以前にVSOPチームで141個の天体に対して系統的に行われた観測で、この天体がとくに鋭い輝きをもっていることがわかっていました。まさにジェットの出ている方向から眺めた観測例です。

電波で観たクェーサーの芯の輝きは、磁力線にからんで回る高速電子から出るシンクロトロン輻射によるものと考えられます。これがもし、一千億から一兆度の輝きにまでなると、この輝きの電波（光子）が充満するので、まわりの電子がこれにぶつかって（逆コンプトン効果）、それ以上の輝きを作り出せないということが予想されます。

VSOPの解像力で、電波がどのくらい狭いところから出ているかを調べることができるので、この問題にはピッタリの観測装置です。こうして、クェーサー1921-293の観測が、フィル・エドワーズさんたちの、日本、オーストラリア、中国、アメリカの共同チームによって行われました。この結果、観測条件のいい波長６㎝で、10兆度（６０００度の太陽面の明るさの約20億倍の輝き）という驚くべき結果を得ました。これで、理論の限界の10倍以上を超えることがはっきりと示されました。理論の限界を超えてしまうことは困るのですが、実は、「相対論的効果」によって、説明できるのです。観測者の方向を向いて光速に近い速さでジェットが飛び出していると、そこからでる電波がビームの向いた方向にいる観測者からはずっと強く観測されるのです。これは、研究者の間で「相対論的ビーム効果」とよばれます。それが宇宙の実際の天体で起こっていることが、はっきり証明されたのです（口絵21）。

もっと多くのクェーサーでこのことを調べようということになって、30個のクェーサーについてその輝きを測定しました。観測されたもののうちの約３分の１が１兆度を超えています。しかし、クェーサー1921-293はとびきりの輝きをもっている天体です。この研究は、ボブ・プレストン（NASAジェット推進研究所）以下の、アメリカ、日本チームによるものです。

これをさらにたくさんの天体についての大掛かりな観測を組織しました。これは将来のスペースＶＬＢＩ計画で観測すべき注目天体を探す意味もあるのです。これはミッションを代表して、私以下の国際チームによるものです。

ジェットは明るく輝くのですが、その根元には次第に巨大ブラックホールにずり落ちていく低温の回転円盤があると考えられます。これがさらにブラックホールに近づくと激しく明るい降着円盤となってこのあたりからジェットが作り出されるものと考えられます。ＶＳＯＰ観測では、ＮＧＣ４２

６１という銀河（これは銀河の中心から両方向にジェットを噴き出しています）で、ジェットの手前で低温の回転円盤の影をはっきりととらえました（口絵22）。

★クェーサー１９２８＋７３８の姿の変化

ＶＳＯＰのいいことは、姿の変化を追えることです。見かけ上、光速を超える動きも観測されています。国際スペースＶＬＢＩ計画（ＶＳＯＰ）で、この年月を感じさせる観測を紹介しましょう。

ＶＳＯＰの１万分の３秒角（月の上の50㎝を見こむ角）という解像度だと、遠くのクェーサーの核からとびだすジェットの形が時間とともに変化していくのがわかります。私たちの中心メンバーのひとりとして、日本に30回以上も滞在したＪＰＬのデイブ・マーフィー博士が筆頭で観測したクェーサー１９２８＋７３８です（口絵23）。ここから放出されるジェットは、見かけ上は光速を超えるスピードで螺旋状に放出されているようなのです。しかし、よく見ると、ジェットは螺旋に沿って流れているというよりも、飛びだしたものはそれぞれまっすぐに動いており、根元の噴き出し方向が変わっていると見てとれるのです。これは水道の水をホースで飛ばす場合を考えるとよいでしょう。ホースの出口をくるくると回すと水そのものはまっすぐ飛ぶけれど、全体の流れは螺旋を描くように見えるでしょう。ではなぜ出口が回っているのでしょう。それはジェットの根元の超巨大ブラックホールが別の超巨大ブラックホールとお互いに重力で回りあっているせいだろうと考えています。

この観測のために5年間にわたって8回の観測を行いました。ところが7回目のときだけ、キャンベラの「はるか」追跡局での失敗で、観測データがとれませんでした。それは2001年2月27日のことでした。あとで、これが小田先生の亡くなられた3月1日の2日前だということに気がつきました。

こうして活動銀河核についていろいろな研究が行われました。他にもパルサーや宇宙の水酸基（OH）のメーザー放射が、ごく狭いところから出ていることなどを明らかにしました。

がんばった「はるか」

当時の小泉内閣が日本のいろいろな組織の整理を図りました。そして、2003年10月に日本の宇宙関係機関を1本にまとめて、宇宙航空研究開発機構（JAXA）となり、宇宙研は宇宙科学本部となりました。しかし、呼び方はたいていの場合に、慣れた「宇宙研」でとおしています。

★映画「3万kmの瞳」

M-Vロケット開発の成功をもとに、「M-V、宇宙（そら）へ」という48分映画が作られました。これの姉妹編として、『はるか』、宇宙（そら）から」という30分映画も作られていました。どちらも、電通テック社により何年にもわたって周到な記録撮影が行われたうえで作られたものです。心意気が感じられ、音楽が快く、見ごたえのあるものとなっています。

さらに、科学成果がでるのを待って、超巨大ブラックホールが潜むと考えられている活動的な銀河の中心の高エネルギー現象の解明にがんばってきた物語として、「はるか」プロジェクトの映画を作ることになりました。題して、「3万kmの瞳」、副題が「宇宙電波望遠鏡で銀河ブラックホールに迫る」です。これで、「『はるか』宇宙（そら）から」とで、2本の「はるか」映画ができたのです。

電波天文衛星「はるか」は、1997年に、M-Vロケットの1号機で打ち上げられるという息づまる体験をし、軌道上でさしわたし10mの大きさのアンテナを展開するなどの工学実験を成功させました。そして世界初のスペースVLBI衛星として、大規模な国際協力によって、文字どおり「3万kmの瞳」で宇宙を観測してきました。すばらしい科学成果もそろってきました。映画つくりの機が熟したのです。

映画のシナリオ作りから、資料収集、国内外での収録、それから仮編集が終わってからも、シナリオは何度も何度も修正をかさねました。最後はスタジオで一語一語ナレーションをチェックしては替えるということもしました。画面編集、録音それぞれのスタジオを使いましたが、これもそれぞれ、修正のためにもう一度行いました。少しでもいいものにしようと変更をお願いし、こちらも徹夜でお付き合いすることもありました。

2005年4月16日に新宿で開催された、宇宙研主催の「講演と映画の会」で、川口淳一郎さんと私の講演、そしてできたてほやほやの「3万kmの瞳」が上映されました。制作会社「イメージサイエンス」のチームには、「観客の反応を一緒に観ましょうよ」と声をかけました。すると会場に最適に映るようにも工夫をこらしてくれました。司会の的川泰宣さんの紹介で、立ち観ありの満員で、試写会のような雰囲気でした。打ち上がった「はるか」が宇宙を飛行する場面があります。ここにホ

写真30：「はるか」のプロジェクトと成果をとりいれた科学映画「3万kmの瞳」（右）とその解説書

ルストの組曲「惑星」の中の「ジュピター（木星）」が流れます。とても心地よい部分でした。

映画つくりにはいろいろな配慮が必要です。そんなことをいろいろと学ぶことができました。映画制作会社のチームとも、ある種の緊張関係があって、いい映画を作る力になりました。よい観測装置を開発して作りあげていくときの、研究者とメーカーとの関係もまったく同じです。そして、仕事を通じて苦労をともにして理解しあったところで、別れが、完成とともにやってきます。いつかまた、こんな仕事を一緒にしたいと思いました。

「はるか」を中心に据えたＶＳＯＰプロジェクトは、国際性がきわだつ重要なプロジェクトでした。そこで、英語版も作りました。世界の仲間たちにもどんどん観てもらえたらと願って世界各地に発送しました。

映画「3万kmの瞳」のできあがりは２００５年3月末だったのですが、２００６年4月に科学技術映像祭・科学教育部門で文部科学大臣賞を、さらに7月にＴＥＰＩＡ映像祭で最優秀賞を頂きました。これは宇宙にある「はるか」へのプレゼントだと思えました。

ＣＯＳＰＡＲ（宇宙空間国際会議）という大がかりな国際科学組織があります。３年に１度、総会を開き、各種の分科会で1週間にわたって研究会合が続きます。そして１９９８年は日本が開催国となって、７月に名古屋で開かれました。この機会をとらえて国際ＶＳＯＰ仲間は小さな研究会をもちました。そしてまた、ＣＯＳＰＡＲは全体会での４件の特別講演が企画されましたが、私のＶＳＯＰ計画の結果報告がその中に選ばれました。

また、ＵＲＳＩ（電波科学連合）という、これも大きな国際科学組織があって、やはり3年に1度、世界の持ち回りで総会が開かれます。10の分科会が組織されていて、そのうちの一つが「電波天文学」分科会です。１９９９年８月にカナダのトロントで開かれた総会でも、全体会の特別講演で私のスペースＶＬＢＩ講演が選ばれました。何百人もの科学者集団の前で1時間ほどの講演でしたが、国際ＶＳＯＰチームのためにほんとうによかったと思いました。

★国際賞　受賞

スペースＶＬＢＩ（超長基線干渉計）を世界最初に実現した私たちＶＳＯＰチームが、２００５年10月16日から福岡で開催されたＩＡＡ（国際宇宙航行アカデミー：International Academy of Astronautics）の２００５年チーム栄誉賞（Laurels for Team Achievement Award）を受賞しました。これは21世紀に

写真31：祝盃をあげる国際VSOPチーム（京都にて）

入って制定され、年に1回あたえられる宇宙に関わる国際チーム賞です。過去の受賞ミッションが、２００1年ミール宇宙ステーション（ＭＩＲ）、２００2年国際宇宙ステーション（ＩＳＳ）、２００3年ＳＯＨＯ衛星、２００4年ハッブル宇宙望遠鏡（ＨＳＴ）と知って、私たちはおどろきました。どれもすばらしいミッションではありませんか。

「はるか」チームの懸命の力をベースに、宇宙研と天文台、世界の仲間が強い協力で結ばれて行われたＶＳＯＰ計画です。Jauncey, Gurvits, Fomalont, Romney, Smith, Dougherty, Kobayashi, Hirosawa, Orii, Miyoshi, Inoue, Murata さん、そして Hirabayashi という13人が受賞のため出席しました。

前夜までに福岡に集まったこのＶＳＯＰ国際チームは、小さな居酒屋の2階で夕食会を囲みました。思えば、さまざまの苦労を乗り越えてよくココまでこられたものだと思いました。それが縁あって九州の居酒屋さんの2階で一緒にいるのです。

10月16日の総会では平林の45分間の受賞講演を無事に務めました。引き続く夕食会で授賞式が行われました。会長のエド・ストーン博

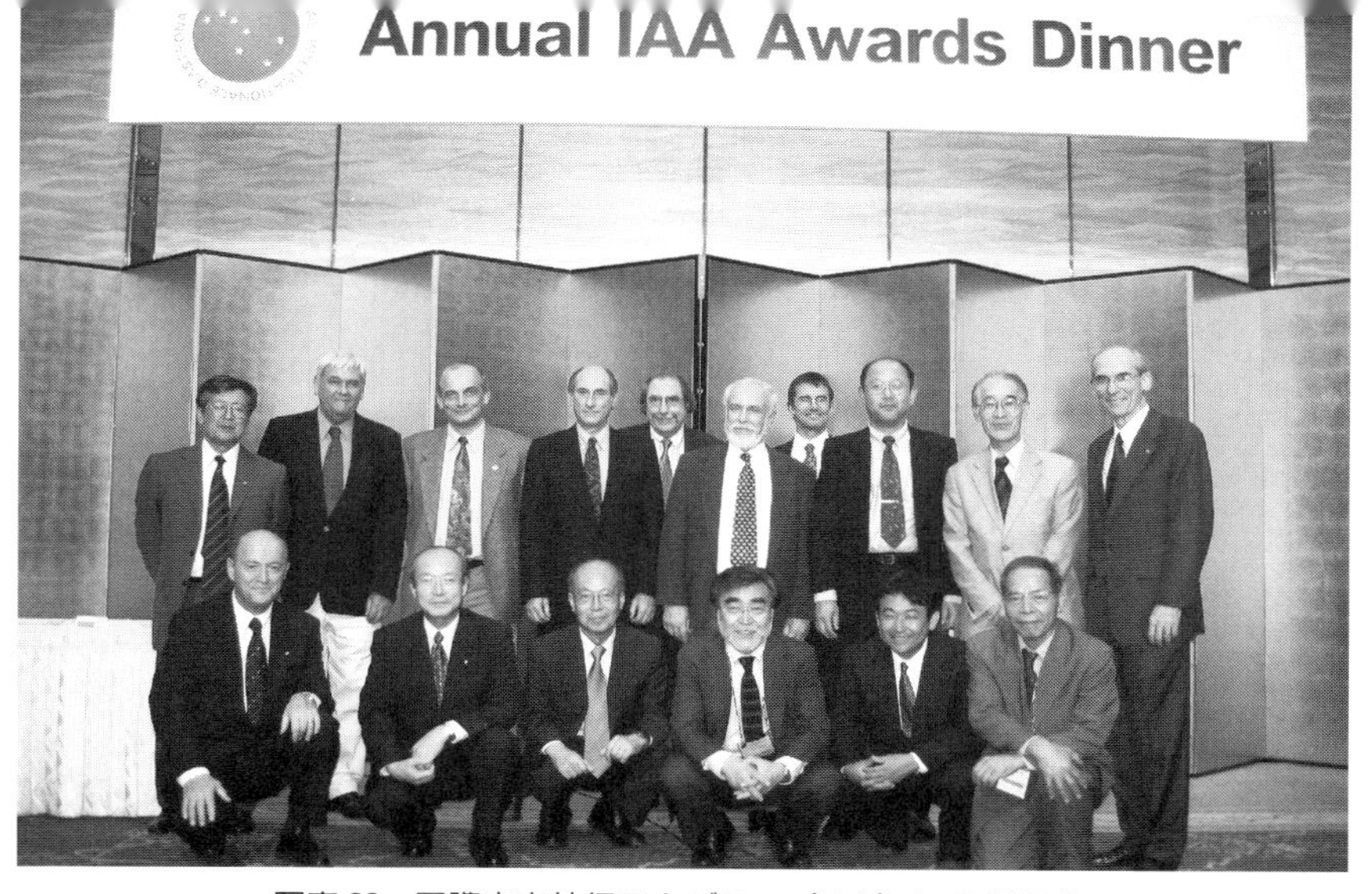

写真 32：国際宇宙航行アカデミー（IAA）から 2005 年
チーム栄誉賞を受けた国際 VSOP チーム

士（JPLの所長）から賞が授与されました。そして世界の主要な仲間と金屏風の前で、いい写真を撮っていただきました（写真32）。

IAAの日本開催のホスト役を果たした松尾弘毅先生（元宇宙研所長）は、「VSOPで日本の顔が立った」と喜んでおられましたが、私たちの喜びは更に深く胸に迫るものがありました。

このようないくつもの栄誉に接することができましたが、これはまさに多くの仲間たちの立派な仕事がこのようになったのです。私の力は微力で、もっと実力があればと思うことばかりでした。たいへん個人的で非現実的な想いですが、このとき、私でなくて亡くなった3歳上の兄がしたことなのではないかと思えました。中学1年生で亡くなった（そのとき私は小学4年生でした）とても優れた兄でした。私でなくその兄にふさわしいと思えたのです。

さようなら、「はるか」

★「はるか」の観測中断

衛星にとって、しっかりと姿勢を保つことは、とても大切です。姿勢が保てないと、ちゃんと通信ができない、太陽電池パネルをちゃんと太陽に向けられない、電波天文アンテナをちゃんと天体に向けられない、などのこまったことになり、衛星が死んでしまうことになりかねません。

「はるか」は、打ち上げから約３年後の１９９９年10月に、４台あるうちの１台のリアクションホイール（ＲＷ）が停まってしまいました。そこで、３台のＲＷによる制御に切り換えて、その後３年ほどは順調に観測を行うことができました（ＲＷとは、回る円板装置です。これが回ると衛星は反対側に回転します。ちがう回転軸をもった回転円板装置が３台あって組み合わせると、衛星を好きな方向に向けることができます。そこで、「はるか」では、余裕をもって４台のＲＷを載せて、姿勢制御に使っていました。衛星の向きをかえるときは、ガスジェットを噴かすと考えがちですが、ＲＷで向きを変えるのです）。

ところが２００３年１月に、「はるか」はまた姿勢が保てなくなり、６月に復旧した後10月に再び

RWの故障により、姿勢制御ができなくなりました。衛星はゆっくり回転し始めて、太陽電池パネルに太陽光が当たった時に衛星の電源が入り衛星を追跡できるだけです。危険な状態です。「はるか」をぎりぎりまで生かす努力が、村田さんはじめ衛星運用グループによって続けられました。慎重な衛星のモニターを続け、2004年7月に故障したRWの温度をあげてみましたが、RWは回転しませんでした。

2004年9月からは、週1回の運用に切りかえて、軌道および姿勢のモニタを行い、RWの温度が10度以上になったときRWが回転することを願いましたが、再び回転することはありませんでした。

こうした「はるか」の状態から、衛星の運用を停止するという決断をしました。

★「はるか」の死　最終運用

1997年2月にM-V初号機で打ち上がった「はるか」が最期の時を迎えました。打ち上げからもう8年9カ月の長い年月が経っていました。

2005年11月30日に衛星との最後の通信が行われました。このために集まってきた「はるか」チームは、臨終を看取るかのようにせまい管制室に立ち並んで、静かに最期の運用を見守りました。24時間態勢で懸命の運用を続けて、見失った「はやぶさ」の行方をもとめていたチームの傍らで、じゃまにならないよう言葉少なに、しかし悲しみにうちひしがれるわけでもなく、僕らは立ち並んでいました。

万一の場合、凍りついた燃料タンクが破裂したら、こなごなになってたくさんのデブリ（宇宙ゴミ）を出すかもしれません。それを避けるため、「はるか」は残った燃料をはきだしました。それはほんとうに死への準備をしているようでした。そして最後の「電波停止コマンド（指令）」を出すことで、衛星が「死ぬ」ことになります。電波を出さない衛星は、もはやたんなる「もの」となって通信もできなくなってしまい、「死んでしまう」のです。

この日のためにとくに出てきていただいた、前プロジェクトマネジャーの廣澤春任先生に、この停止コマンドの送出ボタンを押していただきました。現プロジェクトマネジャーだった私は横にすわってヘッドセットを頭にかけました。すると、コマンド送出を確認するオペレーターの声が、「JST（日本標準時）11時28分08秒」という時刻つきで、返ってきました。臨終の時の医師の宣告では、死亡時刻もつげられます。母のときと同じだなと思いました。

このとき静かな拍手が起こりました。「よくやったよ、はるか、よくがんばってくれた、もう休んでいいよ。」そんな想いの拍手でした。隣の「はやぶさ」チームは手を休めて静かに私たちを見ていました。探査機「はやぶさ」は、通信が途絶え、姿勢もわからず、困難な中にいたのです。すでにお話ししたように「はやぶさ」も同じＭｕｓｅｓシリーズの仲間でしたね。

「はるか」が亡くなった日、ゆっくり感傷に浸る暇もなく、その夕は大学の友人のお母さんの告別式に赴きました。心の中では、やはり、「はるか」も亡くなった日だと思っていました。

写真33：「はるか」の最終運用
（廣澤先生と）

それまで、「はるか」のことで異常が起きると、真夜中に自宅の電話が鳴って、車を運転して相模原の管制室に急行したことが何度もありました。もうそんなこともなくなるんだなと思いました。母が病気で亡くなったあとにもこのようなことを思いました。別れは悲しいけれど、母の苦しみはなくなったのだと思いました。

この17年は、さまざまな思い出がつまっています。その思い出は人それぞれですし、とても簡単には語りきれません。VSOPというスペースVLBI観測プロジェクトはとても大きなひろがりを持っていました。そして「はるか」の9年近い長い長い運用は科学チームの手にまかされてきました。

最後の数年は村田泰宏さん、その前は小林秀行さん、当初は紀伊恒男さんが「はるか」運用チームのリーダーを務めました。3人とも「はるか」のことをよく理解した優秀な研究者でした。中でも村田さんは最後まで「はるか」を熟知して面倒を見続けてくれました。NECの萩野慎二さんたちは設計時代からのお付き合いのベテランでした。そしてたくさんの研究者チームが運用に交代で参加しました。

かつて日本の空には朱鷺が美しく飛んでいたといいます。今は日本の朱鷺は絶滅してしまいました。しかし「『はるか』が消えずに飛び続けてくれるのはうれしいことです」という私の談話が新聞に載りました。

構想から20年。「はるか」プロジェクトは終わりましたが、金色のアンテナは神話のアリエルのように、ずっと宇宙を飛び続けています。アリエルには、「羽」という意味と、「アンテナ」という意味があります。苦労をともにしたチームの私たちの心から、「はるか」が消えることはありません。チームの仲間にいいました。以前から仲間にいってきていながら、かまけて実現していないことです。「軌道がわかっているんだから、いつか、西の空に落ちた夕陽に照らされて光る『はるか』が空を渡っていくのを眺めてみようよ」。光の変化から、「はるか」が今は周期が何分で回っているかもわかるでしょう。そんなふうに偲んでみたいと思っています。

「はるか」の公開公募観測でとれたデータについては、相関処理の後18カ月で観測提案者の優先権が切れることになり、一般の研究者に公開されました。データは、もともと各相関局（国立天文台、ＮＲＡＯ〈米国〉、ＤＲＡＯ〈カナダ〉）でそれぞれ保管されていましたが、それを宇宙科学研究本部のある相模原に集中し、世界にオンラインで公開することにしました。こうしたＶＳＯＰの観測データは世界の誰（だれ）が研究に使ってもいいのです。

たくさんの経費を使った宇宙観測計画だったので、「はるか」プロジェクトが終わるために、いろいろな委員会で、報告や承認（しょうにん）が必要です。このような作業を完了（かんりょう）して、平成18年（２００６年）３月末をもって、「はるか」プロジェクトが終了（しゅうりょう）しました。「はるか」プロジェクトが正式に始まったのは、平成1年でしたから、17年のプロジェクトが終わったのです。始まる前の検討会（けんとうかい）も何年か続いたので、構想以来20年以上のプロジェクトだったのです。

★「はるか」の感謝状とともに

「はるか」を実現して運用し研究するために、たくさんの人びとの情熱が注ぎこまれてきました。また、世界の多くの研究者や機関が協力しました。そこで、ミッション終了時に、みなさんに心をこめて感謝状を作りました。宇宙科学研究本部の井上一（いのうえはじめ）本部長の名前で出していただきました。

私は長く科学主任を務めてきましたが、ミッション最後の頃（ころ）は、廣澤教授の定年のあとプロジェクトマネジャーも兼任（けんにん）していたので、感謝状をさしあげる大事な役を務（つと）める必要がありました。ところが、17年間のうちにはお相手側の組織も人もかわっています。お互（たが）いの都合を確かめあってと、簡単ではありません。そこで、プロジェクト終了1年後になってもまだ、感謝状を持ってあちこち訪（たず）ねてまわっていたのです。

いくつか思いだせば……

1月にうかがったNTS（ミッション期間中に、NECと東芝の宇宙部門が合併して、新会社NTSができたのです）では、たくさんの関係者の皆さんが、ニコニコとおそろいで待っていてくださいました。もう20年近く「はるか」で知り合った懐かしいたくさんのお顔がそろっていました。クラス会のようなうちとけた時間でした。ありがたいことでした。

また、電波天文受信機で30年以上もおつきあいのある日本通信機さん、野辺山以前の時代からの長いおつきあいです。「はるか」では大事な高感度受信機を製作したのです。衛星への参加は初めてでした。ここでは、時の流れと展開の歴史を感じあいました。

2月には、国内の二つのメーカーさん、初めて訪れる場所。あらためていろいろなことを学び、メーカーさんの気風と工場の現場を感じます。そして、「はるか」に関わった人の多さを感じるのです。東京の蒲田にあるメーカーさんにも行きました。住宅街の中を歩いて行くと会社がありました。そんな中で会社の真摯な技術者の心意気に触れると、うれしく元気になります。感謝の気持ちがうまく通じて、おたがいに喜び合って帰れるのはしあわせです。自分だけが感じたこの幸せな気持ちを、チームのみんなとも共有できたらと思いました。

国内でいちばん遠くだったのは、２００７年1月に訪れた長崎の三菱重工さん。「はるか」のリアクションコントロール系の担当です。海の見えるこの台地で作られてテストされてきたのかと、しみじみと「はるか」の出生を偲びました。景気のいい造船所を見せていただき、豪華客船の模型を頂きました。そこには「はるか」の名が彫られていました。

「はるか」にかかわりのあった会社を訪問していると、亡くなった母の実家のまわりの小さなことのあれこれを目にして偲んでいるような想いがしました。「はるか」が生きている間は、こんなことを考えているわけにはいかず、気負っていなければなりませんでした。大事な人は亡くなっても心の中にしっかり生きています。「はるか」のこともよく思い浮かべます。

写真34：高感度受信機で参加した日本通信機チームと筆者

２００７年2月には、「はるか」打ち上げ10周年がやってきました。4月からは、「はるか」が生み出したといってよい次期スペースVLBI計画（VSOP－2）の「Astro－G」衛星がスタート直前でした。

Astro－Gの追跡網を組織する会議がスペインのマドリッドで開かれました。ヨーロッパの関係者にわたす感謝状の筒を持って出発しました。

3月に入ると……オーストラリアでAstro－Gに関わる研究協力会議が開かれました。会議に先立って感謝状贈呈のセレモニーです。VSOP計画に協力したオーストラリア3カ所の電波天文台へ3通、長く一緒に大事な共同議長をしてくれたデーブ・ジョンシー博士に一通、これを手元にあった長短2本の筒に入れて持参しました。アカデミー賞の授与のように、少しは気の利いたこともいわなければおもしろくありません。そして何よりも大事な貢献にたいしてきちんとお礼をいわなければなりません。そして腰あたりにもった2本の筒を見せて、おもむろにいいました。

「日本のサムライは2本の刀を持っています。一つは長いほう……」、そしてスポンと抜くと、皆さんが喜びます。次はデーブに。

「短い刀は接戦にも使いますが、ハラキリにも使います」で、ポン。デーブがおびえたそぶりで応じて、皆さんがまた笑う。そうして、心をこめて感謝状をさしあげました。

2007年3月末は、私にとって宇宙科学研究所の定年退職でした。Astro－Gのスタートにちょうど入れ替わりです。このときの退官講演では、この本に書いたような流れで私の研究生活を1時間ほど話してみました。最後に冗談で、「これからは、『はるか』を弔って生きようか」なんていいました。でもたしかに自分の役目なのかなぁなんても思っているのです。まだ若い現役の研究者には、そんな時間と心の余裕がないでしょうから……。

「はるか」の運用停止と同じ頃、私たちはVSOP－2計画の提案をしました。その後の審査、決定、概算要求、予算内示、事前審査などのステップを登ってきました。この中での、「はるか」感謝状の旅でした。それは、たしかに「はるか」を偲び、弔う旅でもあったように思います。

コラム　小惑星「ひさし」　10224　Hisashi

埼玉県入間市の科学館の佐藤直人さんに、科学館での講演に呼んでいただいて、「はるか」の話をしたことがありました。そのような縁で小惑星に私の名前をつけてくださいました。それは、2009年4月のことで、命名は「10224　Hisashi」となりました。ありがたいことでした。この小惑星は佐藤さんが1997年10月26日に秩父で発見されたそうです。それは「はるか」打ち上げの年の秋、公開観測を始めてしばらくの頃にあたりました。この小惑星は公転周期は3・79年、つまり太陽のまわりを4年近くで回ります。

斎藤隆介さんの著書で「いわさきちひろ」さんが挿絵を描いた絵本『ひさの星』は、おとなしい娘「ひさ」の話です。私の母の名前は「久子」ですから、名前の「久」をもらっています。私は7人兄弟の末っ子ですが、なぜ私がこの名前をもらったのか、ちゃんと聴かないでいるうちに母は亡くなってしまいました。「久」とはとてもありがたい名前だと思っています。佐藤さんと相談できる時間があったら、「ひさ」というのも一般性があっていいかなとも思いました。ところで番号が一つ若い小惑星はなんだろうと思って調べてみると、「10223　座敷童子」でした。民話にでてくるいい名前だなと思いました。

2009年3月末にJAXAを定年で自由になったので、いつかこの小惑星を眺めてみたいと思っていますが、実現していません。そうそう、金色に輝く光の点、「はるか」も、まだ眺めていません。のんびり構えていると、私のほうが星になってしまいそうです。

更なる未来へ

★「はるか」からVSOP-2計画へ

世界で初めてのスペースVLBI工学実験衛星の名のもとに成功させたのですから、つぎに本格的な科学ミッションをたてることが期待されていました。国内外のVSOPグループは、次期スペースVLBI計画をたてる作業グループを作り、宇宙科学研究所にみとめられました。それは、1997年、打ち上げまもない「はるか」が、宇宙─地上間で干渉実験に成功した5月のことでした。この作業グループは、VSOPチームとして働いて10年近くを過ごしながら、次の新計画も練ってきたのです。

計画名はとりあえずVSOP-2計画としました。

VSOP-2では、VSOP計画にくらべて、より短い波長に観測域を移します。他のどんな計画も成しえなかった高分解能（最高40マイクロ秒）による観測を目玉とします。これによって、活動銀河核のもとである巨大ブラックホールや降着円盤、ジェット生成機構、加速などを明らかにします。

写真35：VSOP－2計画のシンポジウムで宇宙研に集まった研究者たち

重要項目をあげますね。

活動銀河核のブラックホール周辺の降着円盤の仕組み
ジェットがどう作られ、加速されるか
系外銀河中の水メーザーの観測
水メーザーによる、星形成域の解明
原始星の磁気圏の観測、など

JAXAは「宇宙科学長期計画」の中で、「極限状態の領域での物理」を大事な問題としてかかげましたが、それに沿うものです。

VSOP－2の性能強化

このために、VSOP－2では望遠鏡としてのVSOPからの大幅な強化をねらい、3つの努力目標を設定しました。

10倍の高周波化：VSOPで主に成果の出た5GHzより観測周波数の高い43GHzまでの観測によって解像度を向上させます。また、高周波化によりこのような領域の中まで見通して観測できます。

10倍の解像度の向上：高周波化によって、達成できる解像度は、43GHzで0・040ミリ秒角で、VSOPの0・4ミリ秒角（5GHz）

の約10倍です。

10倍の高感度化：冷却受信機（22・43GHz帯）による低雑音化、データ伝送の高速化を高める事などで、約10倍の感度とします。

電波天文用アンテナをどうつくるか

大型の電波天文アンテナでは、展開構造はETS－Ⅲ（きく8号）衛星で開発されてきた方式を採用することにしました。7個のアンテナを組み合わせたモジュール構成とします。鏡面の精度をあげるために、新規開発の「放射リブ方式」というものにしましたが、これは考え方が傘によく似ています。また、軌道にあがって開いたあとでアンテナの性能が最大となるよう調整できる仕組みもとりいれました。これは「はるか」ではできなかったことです。

観測の軌道としては、「はるか」と同じ考えをとりましたが、軌道は「はるか」よりちょっと高めの、遠地点高度2万5000km、近地点高度1000km、軌道傾斜角31度、軌道周期7・5時間の楕円軌道としました。展開アンテナの反対側に一翼の太陽電池パネルを持ち、「はるか」とはまったくちがう形です。衛星重量約910kg、衛星発生電力約1・8kWとなりました。全体に「はるか」よりちょっと大きめです。同じM－Vロケットを使うことが条件でした。

2000年度から、衛星計画を決める前からの開発費が認められるようになりました。展開アンテ

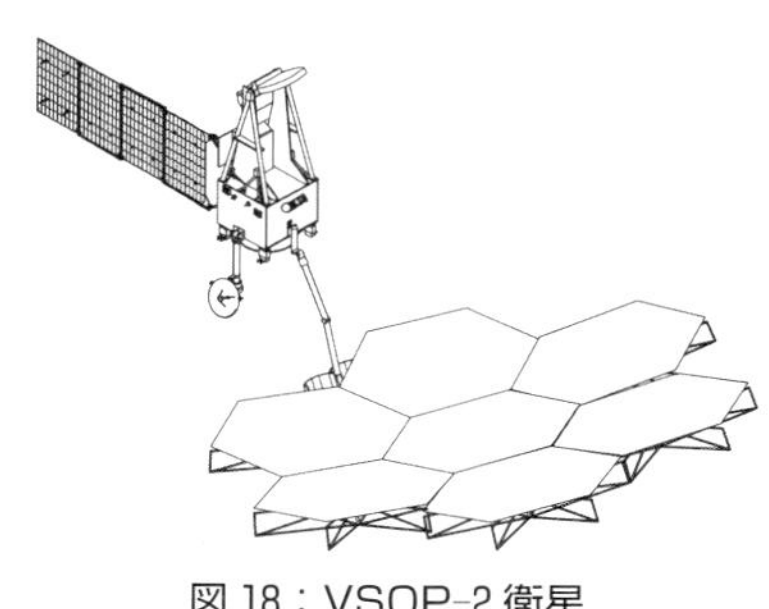

図 18：VSOP-2 衛星（宇宙研）

写真 36：試作された大型展開アンテナのモジュール（宇宙研）

ナについては集中的に6年にわたってアンテナ試作などをして、実現の見通しをたてました。

そして、宇宙研の第25号科学衛星の公募が出されました。

★計画の承認と中止

２００５年10月に提案を出しました。

宇宙理学委員会には硬Ｘ線天文観測衛星ＮｅＸＴも提案されました。ＮｅＸＴとＶＳＯＰ－２とは激しく競り合うこととなりました。宇宙理学委員会は２００７年２月１日に、先行するミッションとしてＶＳＯＰ－２を推すことにしました。一方、宇宙工学委員会はSolar-Sailを選定。宇宙研は３月１日にＶＳＯＰ－２を優先することを決定、さらに運営協議会、評議会で４月中に承認され、５月に入ってＪＡＸＡとして承認、７月に政府の宇宙開発委員会の評価を受けて認められました。衛星計画が認められていくのには、このようにいくつものステップをあがっていかなければなりません。こんなとき、発表者には発表（プレゼンテーション）能力がとても大事です。

こうして、政府への働きかけのあと、「Ａｓｔｒｏ－Ｇ」衛星計画として予算が認められました。Ａｓｔｒｏ－シリーズは宇宙研のなかでの天文観測衛星をあらわします。ところが、その後、アンテナの精度達成のための開発、予算、遅れなどの心配があって、「Ａｓｔｒｏ－Ｇ」プロジェクトは２０１１年に中止となってしまいました。たいへん申し訳なく、残念なことです。

また、ＶＳＯＰ－２とともに高い評価を得た硬Ｘ線天文観測衛星ＮｅＸＴは、その後、Ａｓｔｒｏ－Ｈ衛星計画として正式にスタートしました。アメリカなどとの共同開発のこの衛星は、２０１６年に無事に打ちあがり、「ひとみ」という衛星名となり、軌道上での試験観測では見事な性能を発揮することが確かめられました。しかし、「ひとみ」はまもなく姿勢制御系に不具合があって高速回転を始めて、壊れてしまいました。世界が期待した「ひとみ」ですから、何とか復活して欲しいものです。

★ラジオアストロン衛星の打ち上げ

２０１１年7月18日にはロシアの電波天文衛星ラジオアストロンがとうとう打ち上げられました。「スペースＶＬＢＩ」が考えられるようになって、現実の計画として最初にスタートしたのがソ連のラジオアストロン衛星、そして日本の「はるか」衛星です。ラジオアストロン計画は１９８０年代始めから予算がつき、「はるか」計画は１９８９年に本予算がつきました。ラジオアストロンは観測できる画質の良さを犠牲にしても高い軌道に衛星をあげることにこだわりました。一方で「はるか」チームはより科学性を高めるため、軌道をあまり高くせずに高画質をねらいました。

その間にもソ連にはいろいろなことが起き、衛星打ち上げは遅れに遅れました。1999年にはソビエト連邦という大きな国がばらばらになってしまいました。

そして、あまりの遅れからもう打ち上がらないと思われたラジオアストロン衛星でした。ラジオアストロン衛星は重さが6トンもありました。「はるか」と同じような性能でありながら7倍もの重さです。ロケットの打ち上げ能力の違いのために、「はるか」はぎりぎりの重さ制限の中でつくられた名機だったのです。「ラジオアストロン」衛星の10mパラボラアンテナは打ち上げ5日後に開かれ、その後の衛星チェックのあと、観測が始まりました。衛星は遠地点高度34万3000㎞で、これは月までの距離38万㎞に近く、地球を回る軌道の周期は9日です。このような軌道では、きれいな映像を得ることはできません。その代わり、宇宙のせまいところではげしく輝くものの存在に迫ることを追求したのです。しかし残念なことにデータ伝送装置に不具合があって、厳しい条件の中で限られた観測を続けています。

★更に先――サブミリ波スペースVLBI

TDRS衛星によるスペースVLBI実験、「はるか」によるVSOP計画、を実現し、VSO

Ｐ－２計画を目指してきた日本ですが、その先には、サブミリ波でのＶＬＢＩ観測が期待されます。サブミリ波ＶＬＢＩでよいことは、活動銀河核（ＡＧＮ）については、プラズマ領域のＡＧＮの芯をさらに高い解像度で、ブラックホールの形と近傍の世界を明らかにできることです。ブラックホールは、サイズ（質量）、スピン、傾斜角などが相対論的効果とともに観測できる可能性があります。

このため、すでに地上でのサブミリ波ＶＬＢＩの観測が実験的に始まっています。ところがサブミリ波では大気の悪い影響があるので、遠い将来には宇宙でのスペースＶＬＢＩが理想的です。大きな観測気球でサブミリ波観測装置を数十㎞の高さに打ち上げる実験も、宇宙研の土居明広さんたちによって始まっています。

将来の夢に描くサブミリ波スペースＶＬＢＩの姿は以下のようです。干渉計を構成する衛星は複数あり、それぞれは、アンテナと通信装置をもつ。主衛星が参照信号を配り、データを受信し、相関処理までをおこない、相関結果を地上に降ろします。衛星間通信は光通信となるかもしれません。このような時代をどうやってつくりだしたらいいのでしょう。これは大計画です。これには、装置が確実に実現できること、豊かな科学的魅力が必要です。

★ブラックホール合体、そして

アメリカのＬＩＧＯグループは２０１６年に衝撃的な発表を行いました。ＬＩＧＯとは重力波を

図 19：ブラックホールの合体のイメージ図（LIGO グループによる）

つかまえるための検出装置です。長さ４㎞にわたってレーザー光をとばしてごくごく小さい距離の変化から、重力波をつかまえるものです。このような方式の重力波検出装置は「レーザー干渉計」と呼ばれています。

　伝わってくる重力波をつかまえるために、４㎞の筒が２本、直角に交差しています。さらに、アメリカ本土の北西端のハンフォードと南東のリビングストンとにこの装置をおいて、確実さを増し、またある程度の方向をとらえるように設計されています。何年もの長い開発研究を進めてきたＬＩＧＯグループは２０１５年秋に感度をあげて観測を開始してまもなく、とうとう重力波をとらえることに成功したのです。アインシュタインの重力波の予言から１００年が経っていました。

　２０１５年9月14日のことでした。とらえた重力波は二つのブラックホールが合体したときに予想される波形に見事に一致していたのです。それをていねいに解析した結果、二つのブラックホールの重さはそれぞれ太陽の29倍と36倍で、合体後に太陽の62倍の重さのブラックホールとなって落ち着いたことがわかりました。重さの足し算が65に合わないのは、太陽の重さの３倍分は重力波のエネルギーとして出ていったというのです。しかもこれは13億光年の彼方で起こった出来事だということも観測からわかったのです。重力波は光の速さでつたわるので、これは13億年前に起こった出来事だということもできます。

ＬＩＧＯグループではこの出来事のほかに、２０１５年12月26日にもブラックホール合体を確認しています。ですから、宇宙ではこんなことがけっこう起きているようです。それでは、このようにブラックホールが合体をくりかえしていって、銀河の中心にある超巨大ブラックホールになったのでしょうか。遠くの宇宙を観測した結果、それだけ昔のことがわかります。宇宙が始まって10億年後には太陽の重さの10億倍ものブラックホールがすでにできていたことがわかっています。こんな超巨大ブラックホールが実際どうしてできたのか、まだほとんど理解できていません。宇宙はビッグバンの超高温、超高圧で膨張して、いったんは暗い世界になり、それから宇宙の初代の星が生まれ、超新星爆発のあとでブラックホールができ、これが合体をくりかえしてきたのでしょうか。

日本でもまもなく運転を始める重力波検出装置があります。神岡のスーパーカミオカンデと同じ地下に建設されたＫＡＧＲＡです。これからの活躍に期待しましょう。

重力波は今までは地上あるいは地下の検出器で探られていますが、これからは宇宙にも重力波干渉計が計画されています。ヨーロッパ、アメリカではＬＩＳＡが長く検討されてきました。惑星間空間に３機の衛星が打ち上げられて一辺が５００万kmの３角形をつくる重力波干渉計の計画です。２０１６年１月にはＬＩＳＡの技術実証衛星が打ち上げられて、実験は成功しています。日本ではＤＥＣＩ

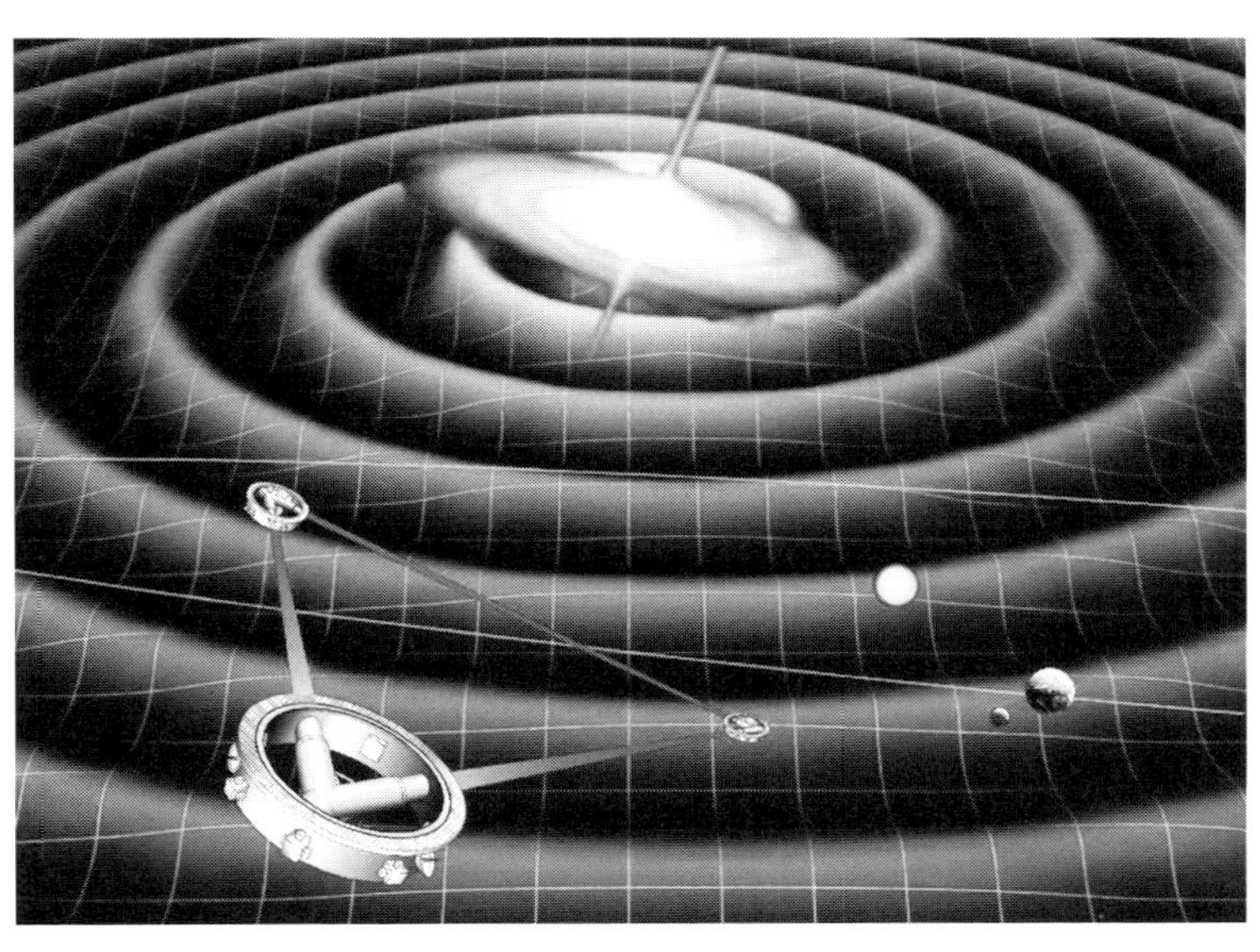

図20：宇宙重力波干渉計「LISA」

GOという重力波干渉計衛星が計画されています。これはLISAに較べて小さいからたいしたことないと考えるのはまちがいです。DECIGOは一辺1000kmの三角形の干渉計を合成しLISAより短い波長の重力波をねらう個性的な干渉計です。

これからは重力波天文学が花開くでしょう。超巨大ブラックホールの謎は、重力波干渉計にもひきつがれていくのです。この本は、電波天文学の中の一つのフロンティアについて書いてきましたが、これからはまた、ニュートリノも重力波もさらに宇宙の理解を助けてくれるはずです。

コラム　連星パルサーからの重力波

重力波は、間接的には連星パルサー PSR B1913+16 の観測結果から確かめられていました。二つの星が近くで回り合っていると重力波が出てエネルギーを失い軌道が近くなっていきます。このひとつの星がパルサーだと、パルス列の変化を観測すると、この軌道変化がわかって、重力波が出たことがわかるのです。これはアメリカの電波天文学者ハルスとテーラーによる立派な研究で、二人は1993年にノーベル物理学賞を受賞しました。さらに今ではこのような研究にもっと適した連星パルサーも見つかっています。連星の互いの距離がさらに近いので、一般相対論の効果がはっきりと現れます。そこで、一般相対論が正しいかとか、重力波の確認が可能となります。大がかりに準備が始まっている超大型電波望遠鏡計画ＳＫＡ（Square Kilometer Array）が実現されると、たくさんのパルサーが発見され、重力波の間接観測もさらに進むでしょう。

　さらに、ブラックホールと連星になったパルサーが見つかることを期待しています。中性子星同士のうちのひとつがパルサーである連星パルサーが見つかっているのですから、パルサー・ブラックホール連星が見つかってもぜんぜん不思議ではありません。このパルサーの周期の伸び縮みからブラックホール近くの空間の歪みが正確に測られるでしょう。ＳＫＡ時代にはパルサーがたくさん発見されるはずなので、こんなことも期待できると思います。ただし、ブラックホールとブラックホールの連星ではそもそも電波が出てこないので、重力波にがんばってもらいましょう。

エピローグ　胡桃の殻のなかから
――ケンブリッジの空の下で

私たち人間の住む世界にくらべれば、宇宙はとてつもない広さです。小さな地球の表面に生きていながら、探究心や想像力は広い宇宙にも向かっています。

JAXAの企画で、物理学者のホーキング博士に日本の子どもたちが語りかけたり質問することを、私がかわりに行って代表でするすることになりました。博士は体がとても不自由で車椅子で生活していて、話すこともできません。そこで子どもたちの質問やメッセージを先に送っておいて、面会したときに答えていただくことにしたのです。

ホーキング博士は、宇宙のもっとも深い謎に取り組んでこられました。ブラックホール、そして宇宙の始まり。世界のたくさんの人がホーキング先生の著書を読みました。あんなむずかしい内容の本を、あんなにたくさんの人が読んだということは、人が根源的な謎に惹かれているという証でしょう。

博士のおられる数理科学研究所はイギリスのケンブリッジの町の中心を外れたところにありました。インタビューは2005年12月14日。ご不自由な身の博士とは握手もできませんが、こちらの言葉は通じます。「日本の仲間は、私が笑うと『不思議の国のアリス』のチェシャ猫に似てるっていいます。

だから英語はチェシャー州なまりでしょうか」という冗談に、ホーキング博士の頬が緩んだようでした。

ホーキング博士の著書に『クルミの殻の中の宇宙（The Universe in a Nutshell）』というものがあります。固いクルミの殻は、閉じこめられた私たち、あるいはもっともっと肉体的に制限されたホーキング博士、それなのに壮大な宇宙の謎にむかっているではありませんか。それに、子どもの頃に割って遊んだ樫ぐるみの実は、ほんとに人の脳に似ていました。博士の研究室に入って、部屋そのものが殻なのだとも思いました。ほとんど身動きできない博士は、その脳そのものだと感じたのです。

実際にホーキング博士にお会いして、思い知りました。研究生活をし、気分を転換し、肉体を動かし、稽古ごとなどに励める自分は幸せなのだと。このことを大事に生かさなければいけないと思いました。自分はがんばらなければならない。もっと知的でなければ、など、と。

また別の機会にもケンブリッジの電波天文グループのいる「キャベンディッシュ研究所」を訪れました。ホーキング博士の数理科学研究所から数百mほど離れたところです。キャベンディッシュ研究所とはケンブリッジ大学の物理学研究所なのです。キャベンディッシュといえば、とても弱い万有引力の力を測定して地球の重さを出したり、他の多くの優れた研究で「実験の巨人」といっていいほどの科学者です。

ここの電波天文グループの談話会で、ＶＳＯＰプロジェクトの成果の講演をしました。

そして近くのマラード電波天文台にでかけました。パルサー（中性子星）発見や電波干渉計と宇

写真37：ケンブリッジにホーキング博士を訪ねる

宙論の観測の流れを作りだした歴史的な電波望遠鏡がならんでいます。広大な敷地に立って空を眺めました。学生時代に知った電波天文学の聖地にして、ノーベル物理学賞を生みだした望遠鏡の地なのです。パルサーを見つけた針金のアンテナも残っていました。ライル先生の残した「開口合成型」の干渉計もありました。この望遠鏡の発展していった姿が、衛星「はるか」の実現したスペースＶＬＢＩ「３万㎞の瞳」です。ケンブリッジの空は、こんな学問領域を育んできたのです。私の学生時代にパルサーが発見され、開口合成型干渉計が開発された地です。ここにはまた、「はるか」と一緒に観測したアンテナも立っていました。

ケンブリッジの静かなアカデミックな雰囲気に惹かれ、身のまわりにこんな知的空間ができたらいいなと思いました。

関　連　年　表

年	できごと・電波天文／筆者
1972	大学院博士修了（３月）
	東京天文台に就職（４月）
1978	野辺山宇宙電波望遠鏡建設始まる
	父の死（６月）
1982	野辺山宇宙電波観測所できる
1983	スペース VLBI ワーキンググループ会合始まる
1984	臼田宇宙空間観測所できる
	ハレー探査機「さきがけ」、「すいせい」打ち上げ
1986	チャレンジャー事故（１月）
	チェルノブイリ原発事故（４月）
	TDRS スペース VLBI 実験（13cm）開始
	国際ミリ波 VLBI（７mm）成功
	IACG 初会合　パドヴァ会議（11 月）
1987	超新星 SN1987A 爆発（２月）
1988	VSOP 計画提案
	国際ミリ波 VLBI（３mm）成功
	TDRS スペース VLBI 実験（２cm）開始
	剣道四段に（２月）
	宇宙研に移籍（12 月）
1989	Muses-B 衛星計画開始（４月）
	国際 VSOP シンポジウム開催（12 月）
1990	M-V ロケット開発開始（４月）
1992	母の死（12 月）
1994	Muses-B「一噛み」開始（６月）
	剣道五段に（11 月）

年	できごと・電波天文／筆者
1995	VSOP 観測提案初公募（11 月）
	Muses-B 総合試験開始（11 月）
1997	M-V 初打ち上げ　「はるか」誕生（２月）
	国際スペース VLBI プロジェクト（VSOP）公開観測開始（10 月）
2001	小田稔先生没（３月）
	剣道六段に（８月）
2003	JAXA 発足（10 月）
	還暦（10 月）
2005	映画「３万 km の瞳」できる（３月）
	国際 VSOP チーム　IAA ローレル賞受賞（10 月）
	VSOP-2 提案（10 月）
	「はるか」運用終了（11 月）
	ホーキング先生訪問（12 月）
2006	VSOP プロジェクト終了（３月）
2007	宇宙科学研究所定年（３月）
	JAXA 宇宙教育センターへ（４月）
	Astro-G（VSOP-2）計画開始　（４月）
2009	JAXA 定年
2010	上海天文台へ
2011	東日本大震災（２月）
	Astro-G 計画中止
	RadioAstron 打ち上げ（７月）

あとがき

長野県の山に囲まれた小さな村で生まれ育った小さな子が、狭い世界からだんだん広い世界を意識することになりました。東京に出たことも、天文学に進んだことも、電波天文学も、野辺山も、宇宙に衛星を打ち上げることも、超巨大ブラックホールに迫ることも、何もかも不思議な展開で、初めてのことばかり。そして多くの仲間と大きな試みでつながりました。そうした国内の、そして世界の皆さんに感謝します。

科学では、大きな謎は何十年もそれが続きます。また、科学は人間たちによって連綿と続いていきます。宇宙の中でのクェーサー、超巨大ブラックホールの謎はそんなターゲットですが、まだ大事なところが明かされていません。このような宇宙があって、それに好奇心をもつヒトが存在するのも不思議です。

個人的な感想などが目立ったかもしれませんが、この目で観たり感じたことをもっとも正直に書こうとしたら、こうなってしまいました。始めは科学の本をわかりやすく書こうと思いました。エピソードを入れながら自然に読み進める科学の本をと思っているうちにこういう本になってきたのです。

プロジェクトの消長もわかっていただけるでしょう。

　この何十年の間にも３人の子どもたちが生まれ、育ってくれました。その間どんなことを追いかけていたのか、家族にあらためて理解してもらえる読み物になったことでしょう。この間苦労をかけた家族に感謝します。本書を書きながら、末っ子までを働きづめで育ててくれた両親に感謝の念が深まりました。ひ弱な末弟を助けてきてくれた兄と姉たちにも、そして先に逝ってしまった兄にもです。ありがたいことだと思います。

「はるか」の物語はいずれ書いてみたいと思っていましたが、これができたことは編集者の柿沼秀明さんが何年も辛抱強く待ってくださったおかげです。柿沼さんには「はるか」が打ち上がる前後から何度か取材を受けたことがありますから、関係者のような連帯感を感じて執筆作業ができました。ありがとうございました。

平林　久（ひらばやし　ひさし）

1943年長野県生まれ。東京大学理学部物理学科（天文コース）、同大学大学院博士課程修了。理学博士。東京大学東京天文台（現・国立天文台）で、助手、助教授として、野辺山電波天文台建設計画にかかわり、野辺山宇宙電波観測所での観測的研究を行う。1988年に電波天文衛星「はるか」のプロジェクトの推進のために宇宙科学研究所に移り、助教授、教授として、スペースVLBI計画（VSOP計画）の科学主任、プロジェクト主任を歴任し、成功に導いた。2009年、JAXA定年退職。現在、JAXA名誉教授。2014年よりNPO法人「子ども・宇宙・未来の会」会長。趣味は自然の中にいること、剣道（六段）など。主な著書に『宇宙人に会いたい』（学研）、『宇宙の始まりはどこまで見えたか？』（角川学芸出版）、『思惟する天文学』『自然の謎と科学のロマン　上』（共に新日本出版、共著）、『観測がひらく不思議な宇宙』（東洋書店）、『星と生き物たちの宇宙』（集英社、共著）など

参考資料

「はるか」プロジェクトの映画：「『はるか』、宙（そら）から」「３万kmの瞳」（英語版もあり、タイトルは、“A Radio Telescope Bigger than the Earth”）

ホームページ：wwwj.vsop.isas.jaxa.jp

協力　JAXA

超巨大ブラックホールに迫る――「はるか」が創った３万kmの瞳

2017年2月25日　初　版

作　者　平林　久
発行者　田所　稔

郵便番号　151-0051　東京都渋谷区千駄ヶ谷4-25-6
発行所　株式会社　新日本出版社
電話　03（3423）8402（営業）
03（3423）9323（編集）
info@shinnihon-net.co.jp
www.shinnihon-net.co.jp
振替番号　00130-0-13681

印刷　亨有堂印刷所　　製本　小高製本

落丁・乱丁がありましたらおとりかえいたします。

ISBN978-4-406-06119-3 C8044　Printed in Japan